“十三五”国家重点出版物出版规划项目

揭秘可燃冰

——可燃冰知识100问

刘昌岭 刘乐乐 李彦龙 孟庆国 / 著

内容简介

本书分七部分，共100个条目，以科普知识问答的形式全面系统地介绍了可燃冰领域的基本知识。第一部分深入浅出地描述了可燃冰的概念及基本性质；第二部分介绍了可燃冰的研究概况，包括可燃冰全球分布、储量、特点及研究进展；第三部分讲述了可燃冰的人工合成、鉴定与检测技术；第四部分论述了可燃冰的寻找技术与方法；第五部分阐述了可燃冰的开采方法与原理、技术与现状等；第六部分探讨了可燃冰对环境可能产生的影响，包括地质灾害、温室效应、海底生物及百慕大沉船之谜等自然现象；第七部分介绍了可燃冰的具体应用技术。

本书内容丰富，图文并茂，雅趣结合，通俗易懂，是广大青少年汲取可燃冰知识的科普读物，对其他人员了解可燃冰知识也有重要的参考价值，有助于揭开可燃冰神秘的面纱。

图书在版编目（CIP）数据

揭秘可燃冰：可燃冰知识100问／刘昌岭等著. --北京：气象出版社，2018.9（2020.10重印）

ISBN 978-7-5029-6249-4

Ⅰ.①揭… Ⅱ.①刘… Ⅲ.①天然气水合物－问题解答 Ⅳ.①P618.13-44

中国版本图书馆CIP数据核字（2018）第219135号

揭秘可燃冰——可燃冰知识100问

JIEMI KERANBING——KERANBING ZHISHI 100 WEN

刘昌岭　刘乐乐　李彦龙　孟庆国　著

出版发行：气象出版社

地　　址：北京市海淀区中关村南大街46号　　邮　　编：100081

电　　话：010-68407112（总编室）　010-68408042（发行部）

网　　址：http://www.qxcbs.com　　E - mail：qxcbs@cma.gov.cn

责任编辑：张锐锐　陈凤贵　　终　　审：吴晓鹏

责任校对：王丽梅　　责任技编：赵相宁

封面设计：楠竹文化　　封面图片：视觉中国

印　　刷：北京地大彩印有限公司

开　　本：710mm×1000mm　1/16　　印　　张：8

字　　数：125千字

版　　次：2018年9月第1版　　印　　次：2020年10月第2次印刷

定　　价：39.00元

前 言

可燃冰是天然气水合物的俗称，是一种理想的替代能源，具有储量大、埋藏浅和清洁环保等特点。2017 年，我国在南海神狐海域进行了首次可燃冰试采工作，持续时间 60 天，累计产气 30 多万立方米，创造了可燃冰开采累计产气量最大、持续时间最长的世界纪录，获得了党中央、国务院的嘉奖。这引起了国内媒体、广大人民群众的广泛关注，也激起了他们想了解可燃冰这一新型能源的极大热情。

2017 年 11 月 3 日，国务院批准将可燃冰列为新矿种，可燃冰成为我国第 173 个矿种。对绝大多数人来说，可燃冰仍披着一身神秘的外衣。如：可燃冰为何能燃烧？其微观结构是什么样的？在全球有多少？怎样去找可燃冰？怎样开发利用可燃冰？对环境会产生什么影响？等，这些都是目前可燃冰研究的热点问题，也是公众急需了解的基本科学知识。本书广泛征集了从事可燃冰研究多年的研究人员及研究生提出的知识点，精选了 100 个条目，采用问答的形式，针对可燃冰的重要知识点进行解答。本书将这 100 个问题，按其基本性质、储量与分布、鉴定与检测、勘查技术、开采技术、环境效应及应用等方面分为七部分，以科普问答的形式全面、系统地介绍可燃冰领域的基本知识。分别为：

“此物生来最为奇，外观似冰内含气。人送外号可燃冰，冰能生火创奇迹”。此为第一部分，主要描述了可燃冰的概念及基本性质。

“置身泥土藏孔隙，遍布海洋与寒地。若问总量有多少？二倍煤油天然气”。此为第二部分，重点介绍了可燃冰的研究概况，主要包括可燃冰全球分布、储量、特点及各国的研究进展。

“仪器设备逞英雄，实验合成可燃冰。测试技术显身手，结构形态露真容”。此为第三部分，主要介绍可燃冰的实验研究工作，包括可燃冰的合成、样品分析、微观结构及表面形态观测等方面的技术。

“冻土海底藏行踪，外观内涵各不同。岂无蛛丝与马迹？探测技术显神通”。此为第四部分，主要探讨了海洋可燃冰的勘探技术与方法，包括海洋与冻土区可燃冰差异、存在的标志、勘探的设备与技术等。

“找到冰藏是前提，开采利用靠科技。各类技术多试验，减压还需热刺激”。此为第五部分，主要介绍了可燃冰的各种开采技术的原理及优缺点、目前可燃冰开采概况、未来发展思路及面临的挑战等。

“海底滑坡和天坑，生物气候起效应。魔鬼三角千年谜，诸事皆因可燃冰”。此为第六部分，探讨了可燃冰对环境可能产生的影响，包括地质灾害、温室效应、海底生物及百慕大沉船之谜等自然现象。

“人工制备可燃冰，工业民用皆可行。储运蓄能加提纯，除杂去污技术精”。此为第七部分，介绍了可燃冰的具体应用技术，包括可燃冰储运、分离、提纯等技术。

为响应国家全民科普号召，提高科学普及能力，本书针对青少年的好奇心与求知欲很强的特点，采用问答的方式，通过对精选的 100 个可燃冰重要知识点进行解答，对渴望全面、准确掌握可燃冰基本知识的青少年有重要参考价值。有利于青少年从小培养科学兴趣，走上科研的道路。

本书题目有趣，形式新颖，在表达形式上力求简练、准确，每一个知识点（题目）都配 1~2 个示意图或照片，配以简练文字说明，图文并茂，雅趣结合，通俗易懂，适合各个层次的读者阅读，更能引起公众的兴趣。

作者感谢自然资源部天然气水合物重点实验室的科研人员与研究生，感谢他们在可燃冰知识点选取方面给予的支持与帮助；感谢国家天然气水合物 127 工程的二级项目“天然气水合物测试技术与模拟实验”的经费支持。

本书第一、二、三部分由刘昌岭撰写，第四、六部分由刘乐乐撰写，第五部分由李彦龙撰写，第七部分由孟庆国撰写，全书由刘昌岭统稿。

由于本书内容广泛，涉及知识点多，作者水平有限，书中表述不当与不妥之处在所难免，敬请广大读者批评指正。

刘昌岭
2018 年 7 月 6 日

揭秘可燃冰——可燃冰知识100问

目录

三、可燃冰的鉴定与检测技术

四、可燃冰勘探技术

六、可燃冰环境效应

七、可燃冰技术应用

后 记

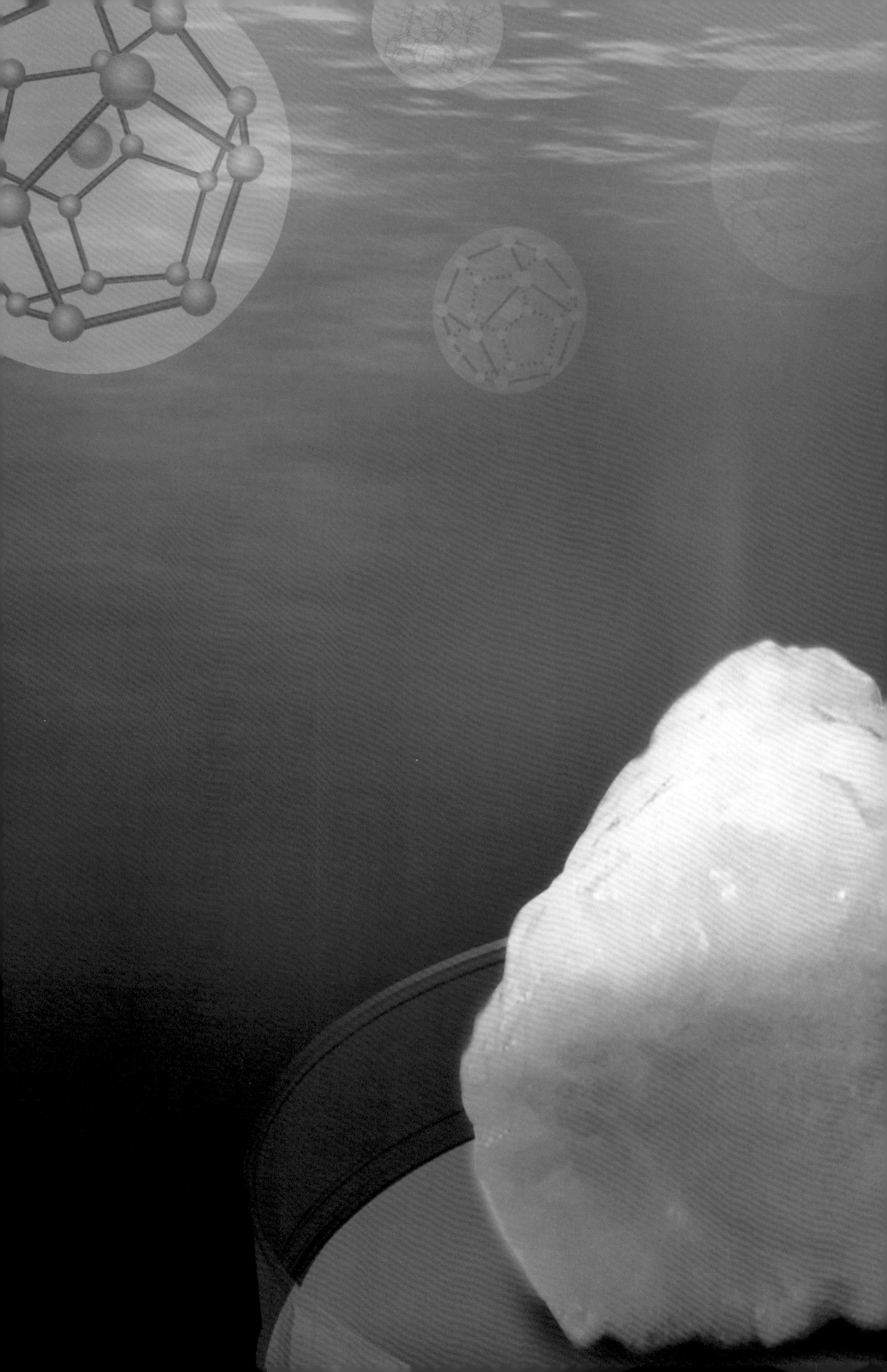

一、可燃冰的基本性质

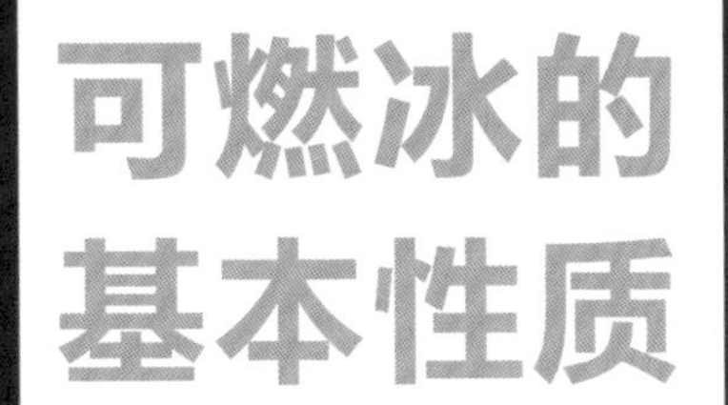

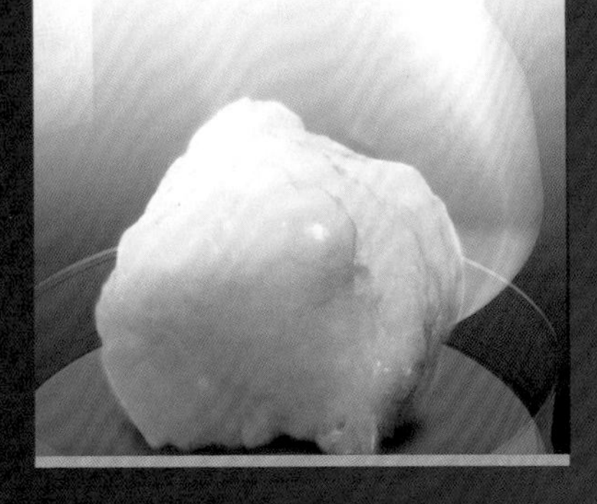

此物生来最为奇，
外观似冰内含气。
人送外号可燃冰，
冰能生火创奇迹。

1. 什么是可燃冰？

可燃冰，顾名思义，就是“可以燃烧的冰”。可燃冰的学名叫“天然气水合物”，是由烃类气体分子（如甲烷、乙烷、丙烷等）与水分子在一定温度和压力条件下，生成的一种类冰状结晶物质。在可燃冰晶体中，水分子是主体，通过氢键作用形成不同形状和大小的“笼子”；气体分子是客体，居于“笼子”中，主体分子和客体分子间通过范德华力相互作用。

可燃冰的主要成分是甲烷，其外形似冰，点火可燃，有极强的燃烧力，故称为“可燃冰”。在地球上，可燃冰主要埋藏在陆地永久冻土带和水深300米以下的海底沉积物中，储量很大，其有机碳总量约为煤、石油和天然气等化石燃料含碳量的2倍；它有较大的能量密度，1立方米的可燃冰可释放164立方米的甲烷气体；它燃烧后仅排放二氧化碳和水，是一种清洁能源，被科学家们誉为“属于未来的能源”，引得世界各国竞相研究和开发。

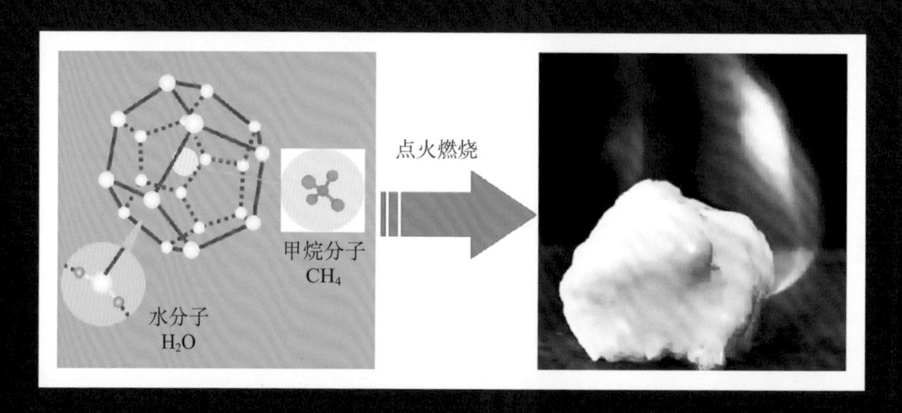

2. 所有的气体水合物都叫可燃冰吗?

首先，我们要明确“气体水合物”与“天然气水合物”的区别，前者是统称，后者是特指。“气体水合物”是气体分子与水分子在高压、低温条件下生成的一种笼型水合物晶体，这里说的气体既包括甲烷、乙烷、丙烷、丁烷等烃类气体，也包括二氧化碳、氮气、硫化氢等非烃类气体；而“天然气水合物”是特指由天然气（甲烷、乙烷、丙烷、丁烷等烃类气体）分子与水分子生成的笼型水合物晶体。

在自然界中，已发现的气体水合物中的气体成分主要是甲烷，约占 80% 以上，因此，也称为甲烷水合物，或天然气水合物。由于天然气水合物的主要成分为烃类可燃气体，点火可以燃烧，故称“可燃冰”；但是，主要成分为非烃类气体（如二氧化碳）的气体水合物则不能燃烧，不能称为“可燃冰”。因此，并不是所有的气体水合物都是可燃冰，只有天然气水合物才可以称为可燃冰。

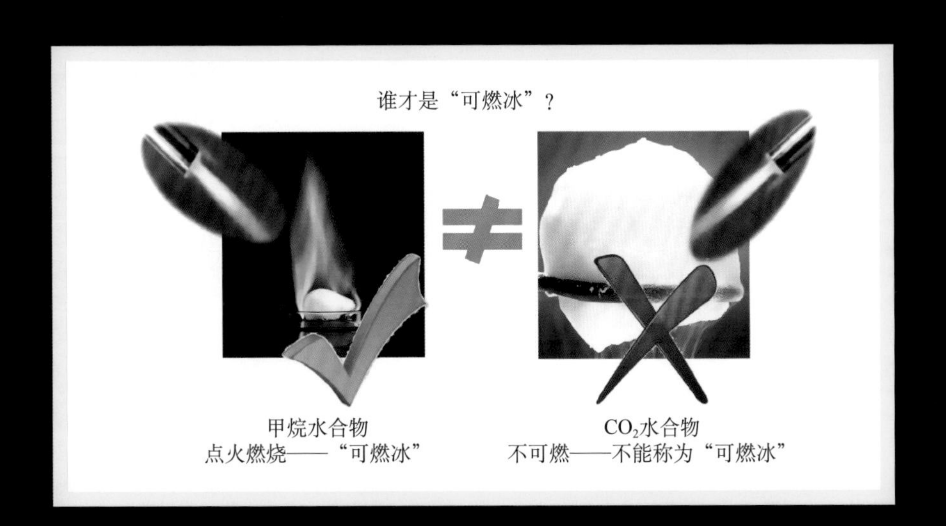

3. 可燃冰是冰吗？两者有何区别？

我们知道，水有气、液、固三种状态，冰是水的固态形式；而可燃冰是天然气水合物的俗称，顾名思义是“可以燃烧的冰”。可燃冰与冰之间有很多相似性：两者都为固体，密度接近；生成时放热，体积均增大；分解时吸热，并产生较大的热效应。然而，可燃冰在本质上不是冰，两者的主要区别在于：

首先，成分不同：可燃冰里面有甲烷、乙烷等可燃性气体，是一种混合物；冰是水在自然界中的固体形态，是一种纯净物。其次，结构不同：可燃冰是由一个个不同的笼状结构组成，这些笼状结构是由水分子在氢键作用下形成的，在每个“笼子”里装一个气体分子，又称“笼型水合物”；冰是无色透明的固体，分子之间主要靠氢键作用，晶格结构一般为六方体。再次，生成条件不同：可燃冰是在一定的压力和温度条件下，由气体与水相互作用形成的白色固态结晶物质；而液态水在常压环境下，温度低于 0 ℃时就可变成固态冰。最后，两者的物理、化学性质也完全不同。

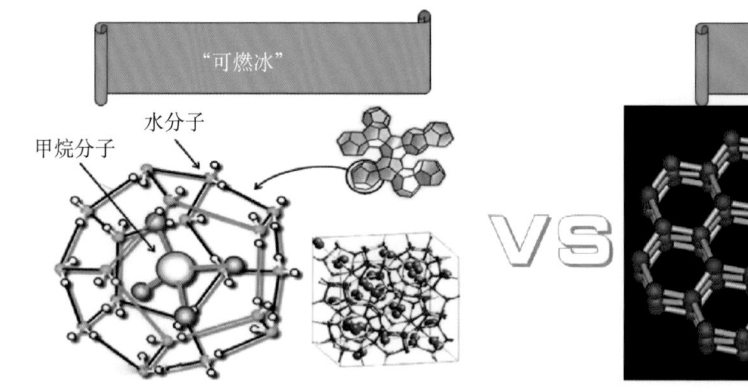

笼型结构，水笼内填充有气体分子，混合体
作用力：水—水分子间氢键；水—气范德华力

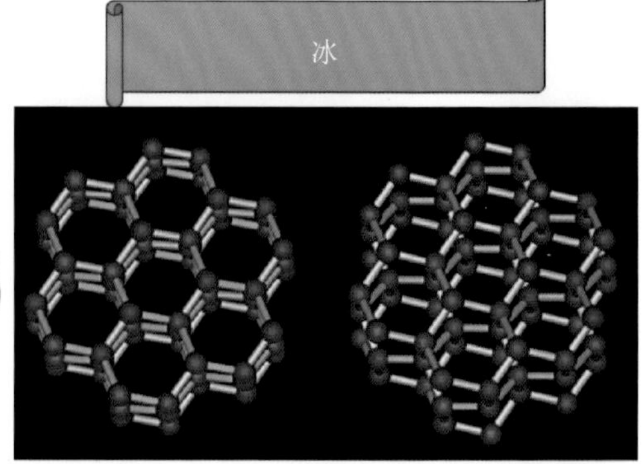

晶格结构一般为六方体，固态水，纯净物
作用力：水—水分子间氢键

4. 可燃冰的微观结构是什么样的？有几种晶体类型？

微观世界里的可燃冰，是一个什么样子？很多人对此感兴趣。从微观的角度看，可燃冰是笼型化合物家族中的一员，它由主体分子和客体分子组成。其中，水分子（主体）通过氢键的作用形成大小不同的“笼子”，气体分子（客体）占据着这些“笼子”，形成稳定的晶格，气体分子和水分子之间的作用力为范德华力。

可燃冰晶体主要由五种基本“笼子”组成，它们分别是：十二面体小笼（5^{12}）、不规则的十二面体中笼（$4^{3}5^{6}6^{3}$）、十四面体大笼（$5^{12}6^{2}$）、十六面体大笼（$5^{12}6^{4}$）和二十面体大笼（$5^{12}6^{8}$）。由这五种不同种类、不同数量的基本笼子，与不同数量的气体分子结合，可形成三种晶体结构类型的可燃冰：Ⅰ型（立方晶体结构）、Ⅱ型（菱形晶体结构）和H型（六方晶体结构）。

Ⅰ型和Ⅱ型结构早在20世纪50年代就被发现，而H型结构的可燃冰直到1987年才被发现。可燃冰的结构类型与其客体分子的大小及组成有关。对单组分的气体来说，通常情况下，甲烷、乙烷、二氧化碳、硫化氢等分子生成Ⅰ型结构，而丙烷、丁烷等大分子以及氮气、氧气、氩气等小分子则生成Ⅱ型结构。H型结构是由两种分子形成的，大分子占据着大笼，小分子则占据着中笼和小笼。在自然界，Ⅰ型结构可燃冰最常见，Ⅱ型次之，H型较为罕见。

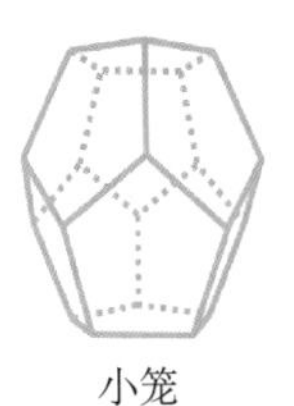

小笼
十二面体（5^{12}）

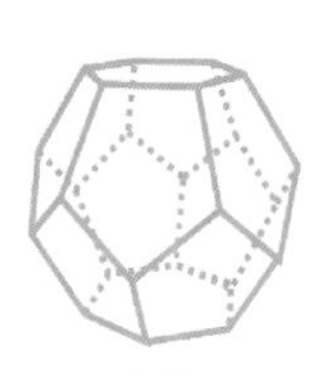

大笼
十四面体（$5^{12}6^{2}$）

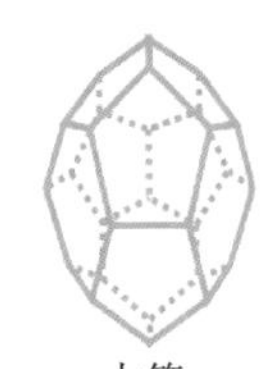

大笼
十六面体（$5^{12}6^{4}$）

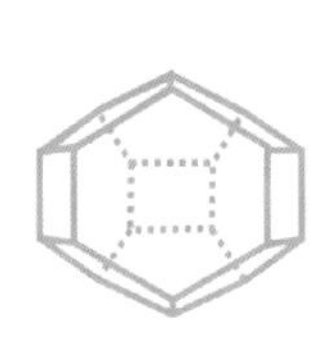

中笼
不规则十二面体（$4^{3}5^{6}6^{3}$）

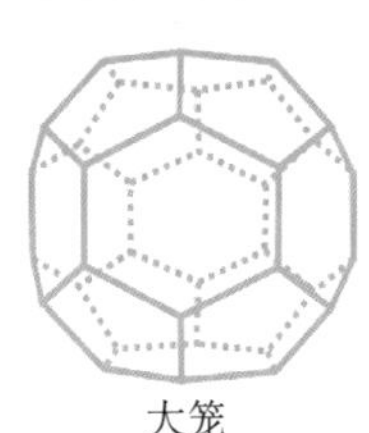

大笼
二十面体（$5^{12}6^{8}$）

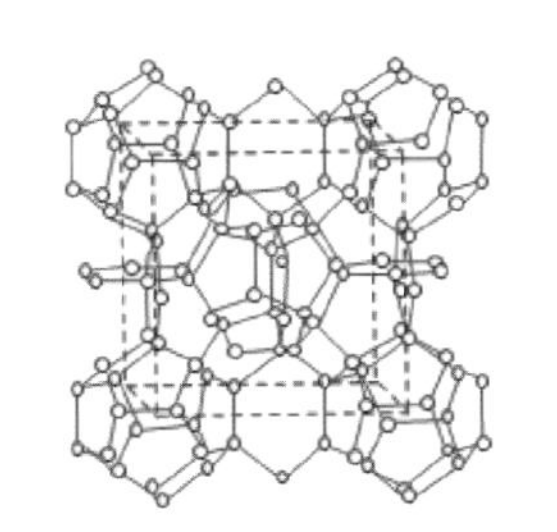

Ⅰ 型结构
立方晶体结构

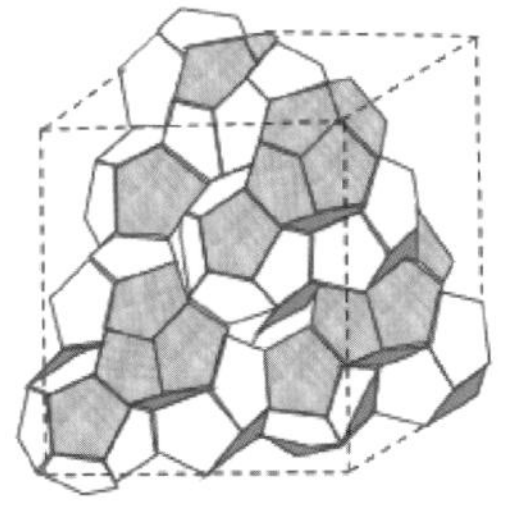

Ⅱ 型结构
菱形晶体结构

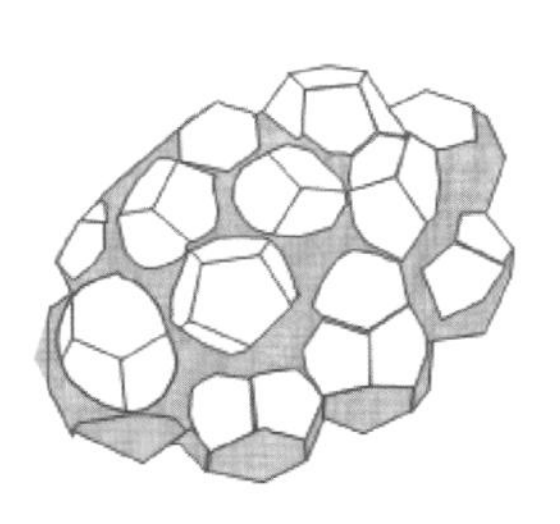

H 型结构
六方晶体结构

5. 什么是可燃冰的水合指数？

可燃冰是一种类冰状物质，是由气体分子与水分子在一定的温度和压力条件下形成的、非化学计量的水合物，可用下列方程式表示：

$$CH_4 + nH_2O \longrightarrow CH_4 \cdot nH_2O$$

式中：n 是水合指数，即水分子与气体分子的摩尔数比值，代表与每个气体分子相结合的水分子数，它是个不确定的数字，可在一定的范围内波动。

为什么可燃冰的水合指数是个不确定的数字呢？这主要是由晶体内部笼占有率（笼子的填充率）不同造成的。我们知道，可燃冰晶体的 I 型结构单位晶胞由 2 个小笼（5^{12}）和 6 个大笼（$5^{12}6^2$）组成，含 46 个水分子；Ⅱ型结构单位晶胞由 16 个小笼（5^{12}）和 8 个大笼（$5^{12}6^4$）组成，含 136 个水分子；H 型结构单位晶胞由 3 个小笼（5^{12}）、2 个中笼（$4^35^66^3$）和 1 个大笼（$5^{12}6^8$）组成，其大、小笼中同时容纳两种客体分子，包含 34 个水分子。理论上，每个笼子都填满了一种客体分子，笼占有率为 100%。客体分子用 X 表示，则 I 型结构分子式为：$8X \cdot 46H_2O$，Ⅱ型结构分子式为：$24X \cdot 136H_2O$；H 型结构的两种客体分子分别用 X、Y 表示，其中大分子 Y 只能占据大笼，则分子式为：$5X \cdot 1Y \cdot 34H_2O$。由此可知，I 型、Ⅱ型及 H 型结构的可燃冰的水合指数分别为 5.75、5.67 和 5.67，这是理论值。

事实上，由于各种原因，可燃冰的大、小笼，尤其是小笼，基本上都不可能完全被客体分子填满，总存在一些空笼，即笼占有率总是小于 100%。因此，可燃冰的水合指数都大于理论值，且在一定范围内波动，其大小反映了可燃冰的含气量或纯度。已知在自然界中发现的可燃冰，其水合指数通常在 6 左右。

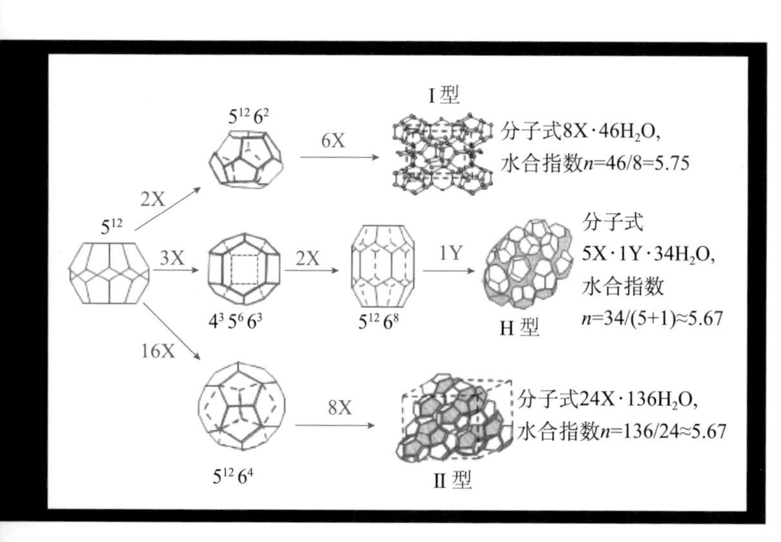

6. 什么是可燃冰相平衡曲线？如何测定？

在合适的温度、压力条件下，气体分子与水分子可生成一种类冰状晶体，即可燃冰。在一个封闭体系内，可燃冰的生成过程实际上是一个可燃冰—水—气体三相平衡变化的过程，即每一个温度点都对应着一个固定的平衡压力点。因此，在一定温度范围内，我们将测量的平衡压力点连起来，就可得到可燃冰的温度和压力平衡曲线，也就是相平衡曲线，即可燃冰生成的温度、压力条件。

可燃冰相平衡曲线的测定方法很多，目前公认的判定标准为：在一个密闭的体系内，首先在较高压力和较低温度下生成大量的可燃冰，然后降低体系的压力或升高体系的温度，使可燃冰晶体开始分解，若经过 4 ～ 6 小时后，反应体系的温度和压力仍恒定不变，且体系中仍有微量可燃冰晶体存在，此时的温度和压力看作可燃冰的一个相平衡点。依次类推，通过改变温度或压力，可获得系列的相平衡点，将这些点连起来即成为可燃冰相平衡曲线。

不同气体在同一介质中或同一气体在不同的介质中的相平衡曲线相差很大，这也反映了可燃冰生成条件的差异及生成的难易程度。一般说来，在压力—温度相图中，平衡曲线下移则表示可燃冰容易生成；反之，则表示可燃冰生成难度加大，要么在相同的温度下所需的压力更高、要么在相同的压力下所需的温度更低。

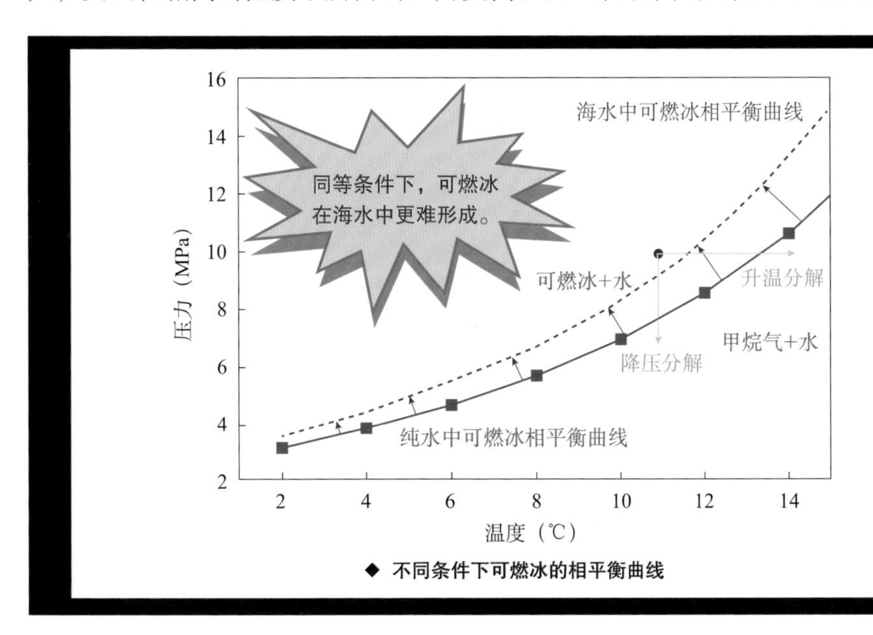

◆ 不同条件下可燃冰的相平衡曲线

7. 可燃冰的形成过程是化学反应吗?

首先，我们要明白物理变化与化学变化的区别。物理变化指物质的状态虽然发生了变化，但物质本身的组成成分却没有改变，如气态、液态、固态间相互转化等；化学变化是指相互接触的分子间发生原子或电子的转换或转移，其实质是有新物质的生成。所以两者的根本区别就在于化学变化有新物质生成，而物理变化没有。

能够产生化学变化的反应就是化学反应。在可燃冰的生成过程中，气体分子与水分子在合适的温度、压力条件下生成了类冰状的固体物质，是一个放热过程，可用下列方程式表示：

$$CH_4 + nH_2O \longrightarrow CH_4 \cdot nH_2O + \Delta H$$

式中：n 是水合指数，ΔH 是焓变。

表面上看，气体分子在水分子形成的笼子里，好像是物理变化。但实际上，生成的可燃冰（主要成分为甲烷）化学式为 $CH_4 \cdot nH_2O$，这是一种新的物质。2017 年，经国务院批准可燃冰成为我国第 173 个矿种，说明可燃冰是一种新矿种。如果把这种新矿种看成是一种新的物质，则可燃冰的形成过程可看成为化学反应。一般情况下，164 立方米的甲烷气与 0.8 立方米的纯水可生成 1 立方米的可燃冰。

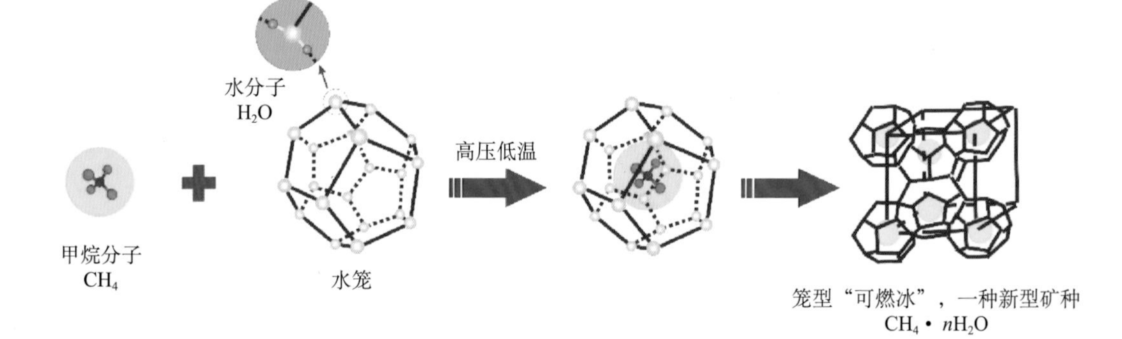

8. 可燃冰是如何成核与生长的？什么是“诱导时间”？

可燃冰是由气体分子与水分子在一定的温度、压力下反应生成的类冰状晶体，其生成反应的关键是成核。可燃冰成核需要一定的驱动力，即生成的可燃冰新相与老相的化学势之差，或者可燃冰生成时温度与其对应的相平衡温度之差，这是可燃冰成核的必要条件。

可燃冰的生成过程可概括为气体分子在水中溶解、成核、生长三个阶段。在一定的温度、压力体系内，气体分子溶于水中，在气—液界面处最易达到饱和状态，于是可燃冰的成核开始了。首先出现的是微晶核，也称为亚稳态结晶，这个过程实际上是晶粒形成与溶解的动态平衡过程，溶解是为了形成更大尺寸的晶粒以保证晶核的生长。当晶核直径达到临界尺寸后，晶体成核阶段结束，可燃冰进入晶体生长阶段，最后聚集成为可燃冰固体。

可燃冰微晶粒的形成需要一个诱导期。从气体分子溶于水中达到平衡状态开始，到可燃冰进入成核阶段并聚集生成晶体，这段时间就是可燃冰晶体生长的“诱导时间”。可燃冰诱导时间有很大的随机性，受到水的活度、温度、压力、过冷度、添加剂、过饱和度等多种因素的影响。在实验中，为了方便诱导时间的测量，将诱导时间定义为从反应开始到系统某状态参数发生急剧变化所经历的时间，

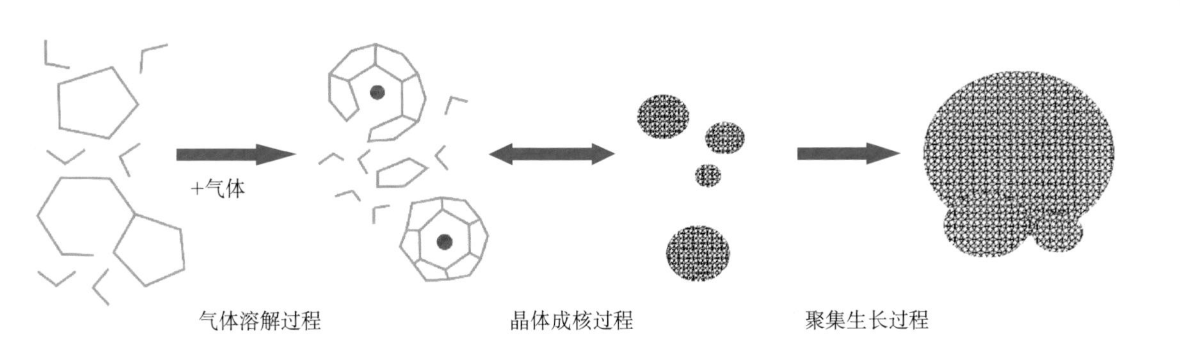

即从水合反应开始到产生大量可视晶体所需要的时间，也称为广义诱导时间。诱导时间是个非常重要的动力学参数，可用于判断可燃冰形成的快慢。

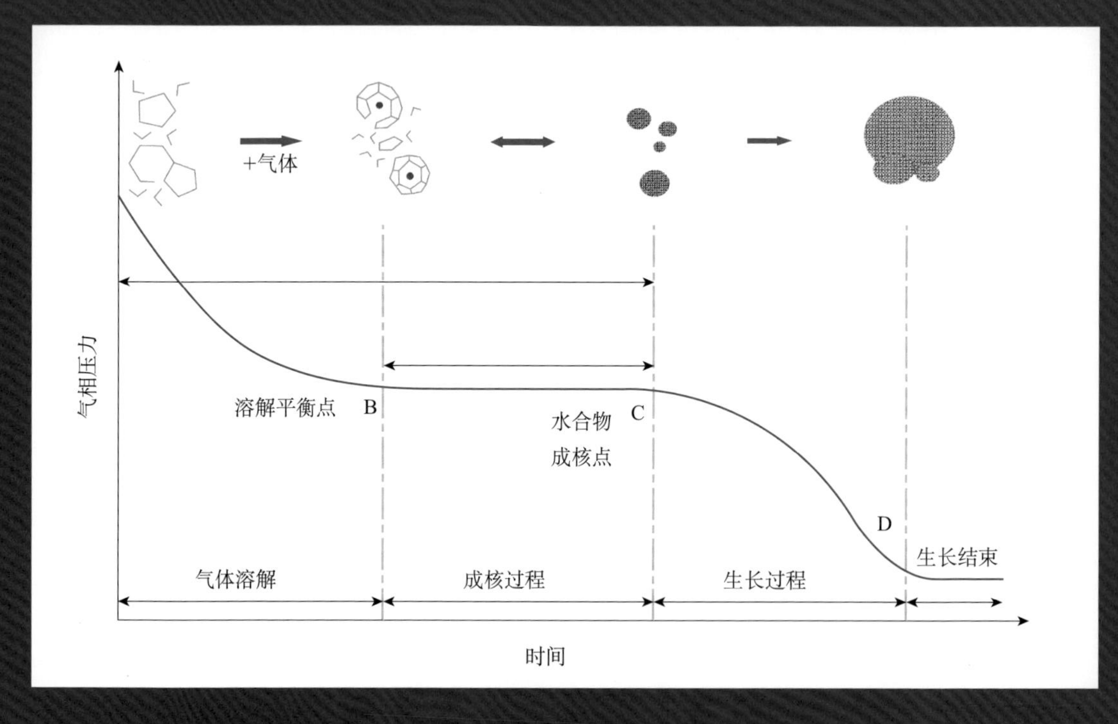

9. 什么是可燃冰的“记忆效应”与“自保护效应”？

利用可燃冰分解后的液态水与气体进行反应，可大大缩短可燃冰成核的诱导时间，加快可燃冰的生成，这种现象称为“记忆效应”。这是因为可燃冰分解后的液态水还保持着残余的笼型结构，就好像是这部分水分子还保留着可燃冰笼型结构的“记忆”，这种“记忆效应”可大大加快可燃冰的再次生成。此外，可燃冰刚刚分解后的液态水，局部的气体分子还处于过饱和状态，使可燃冰再次生成的时间大大缩短。通常认为，水分子的“记忆效应”维持的时间不长，甚至当升温幅度超过平衡温度 10 ℃以上时“记忆效应”就会完全消失。

在常压下，当可燃冰在低于冰点（0 ℃）的温度环境中分解时，其整体分解速率明显降低，具有较好的稳定性，好像是可燃冰有一种保护自己不被破坏的能力，这种现象称为可燃冰“自保护效应”。这是因为可燃冰的表层在分解过程中生成了气体和水，水在低温下在可燃冰晶体表面形成了一层冰膜，冰膜对内层可燃冰有封闭作用，阻止可燃冰进一步分解，使其在非平衡条件下具有较高的稳定性。在这种情况下，气体分子在冰膜中的扩散速率决定着可燃冰的分解速率。因此，可燃冰的“自保护效应”强烈地依赖于其表层冰膜的物理性质，不仅仅是冰膜的厚度，还包含冰膜颗粒的大小、冰膜的宏观结构等。

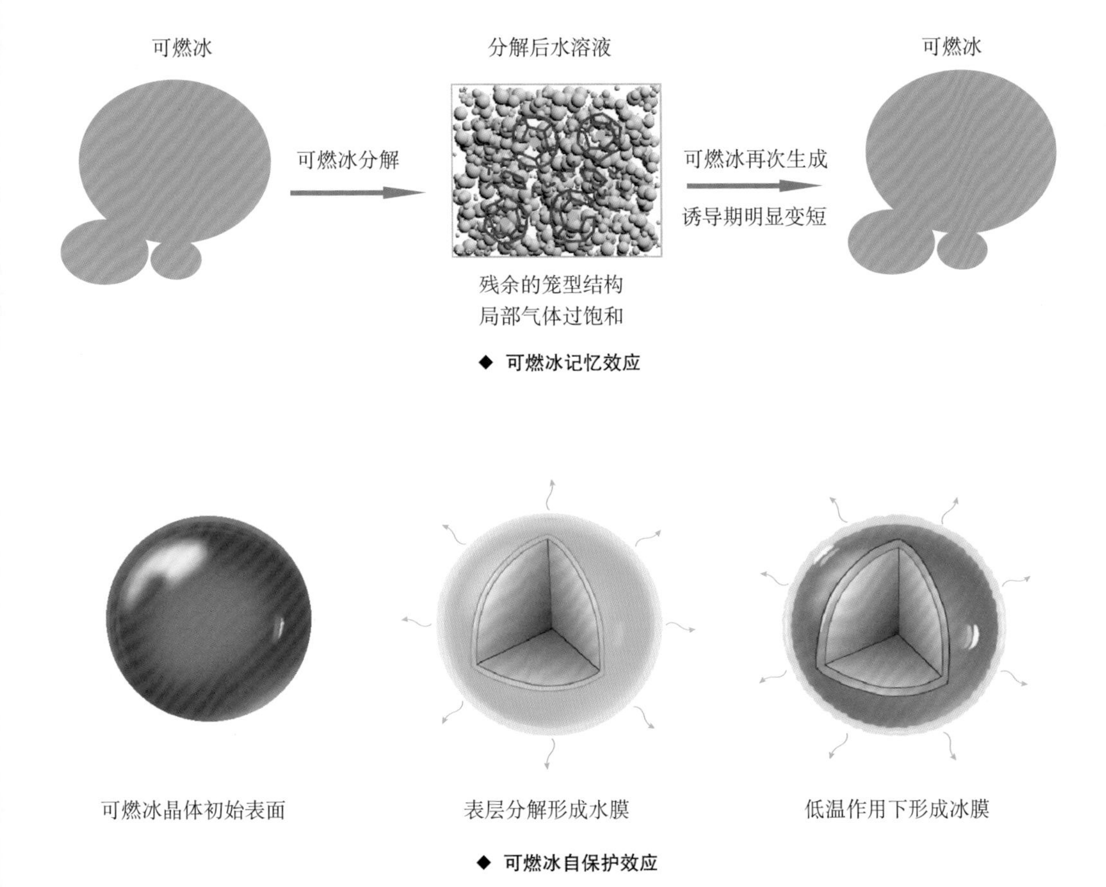

◆ 可燃冰记忆效应

◆ 可燃冰自保护效应

10. 什么是可燃冰“促进剂”与“抑制剂”？

一般来说，甲烷等烃类分子的溶解度较低，通常情况下生成可燃冰的速度很慢。如果我们向水中加入一种化学添加剂，在同等条件下可显著降低可燃冰成核的诱导时间，促进可燃冰的大量生成，这种添加剂称为可燃冰“促进剂”。例如：表面活性剂就是一种可燃冰生成的促进剂，其增溶作用促使气体分子在溶液中过饱和，在促进可燃冰晶核生成、缩短诱导时间方面的作用显著，有效地解决了可燃冰生成速度缓慢、含气率低的技术瓶颈，将有力推动可燃冰技术的产业化发展。

与可燃冰“促进剂”的作用正好相反，“抑制剂”是一种破坏可燃冰生成的化学添加剂，使其成核速率、聚集方式等条件发生变化，抑制可燃冰的生成，这种添加剂称为可燃冰“抑制剂”。可燃冰抑制剂主要分为两大类：热力学抑制剂与动力学抑制剂，其主要原理是：热力学抑制剂可降低活度系数，改变了体系的相平衡，使可燃冰生成的温、压条件更苛刻，从而起到抑制作用；而动力学抑制剂在可燃冰晶核生成阶段，吸附在晶核上面，可以抑制颗粒达到临界尺寸或者使已达到临界尺寸的颗粒生长减慢，从而延缓可燃冰的生成。常用热力学抑制剂主要有甲醇、乙二醇、二甘醇、三甘醇等；常用的动力学抑制剂主要有聚合物、蛋白、离子液体等。

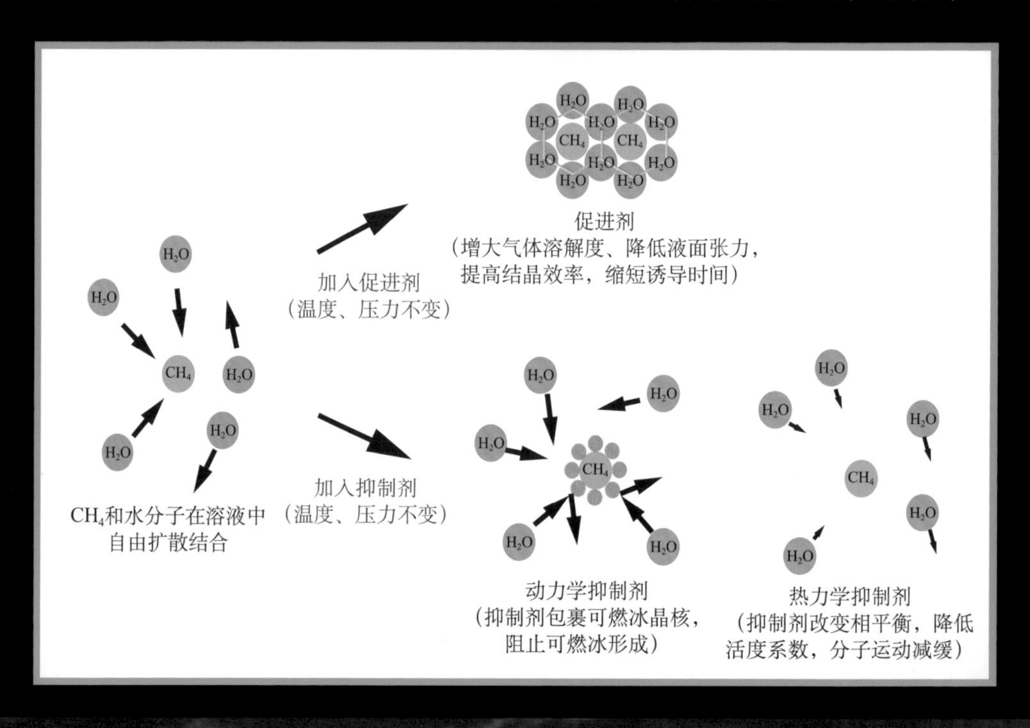

11. 可燃冰的“能量密度”很高吗?

经常有人说可燃冰的“能量密度”高，到底有多高？众说纷纭，甚至有的新闻报道说其能量密度很高，是汽油的 50 倍。事实到底如何？我们来简单分析一下。

在常温、常压下，1 升可燃冰分解可释放 160 多升天然气，而 1 升液化天然气可以释放 620 多升天然气，这说明按气体体积计算，可燃冰的“能量密度”仅相当于液化天然气的 0.25 倍。可燃冰与汽油相比，1 升可燃冰燃烧释放的热量大约为 1300 千卡（1 千卡 =4185.85 焦耳，下同），而 1 升汽油燃烧释放的热量大约为 7500 千卡，按热值计算，单位体积可燃冰的“能量密度”大约相当于汽油的 0.17 倍。事实上，可燃冰只相当于压缩了 160 倍左右的高压天然气，其“能量密度”与液化天然气和石油相比，有较大的差距。

由此可见，可燃冰不是高爆炸药，更不是核燃料，它的“能量密度”并不很高，还远远算不上机器人最爱吃的那种“能量块”。因此，可燃冰的优势，在于其巨大的储量，而不在于“能量密度”。

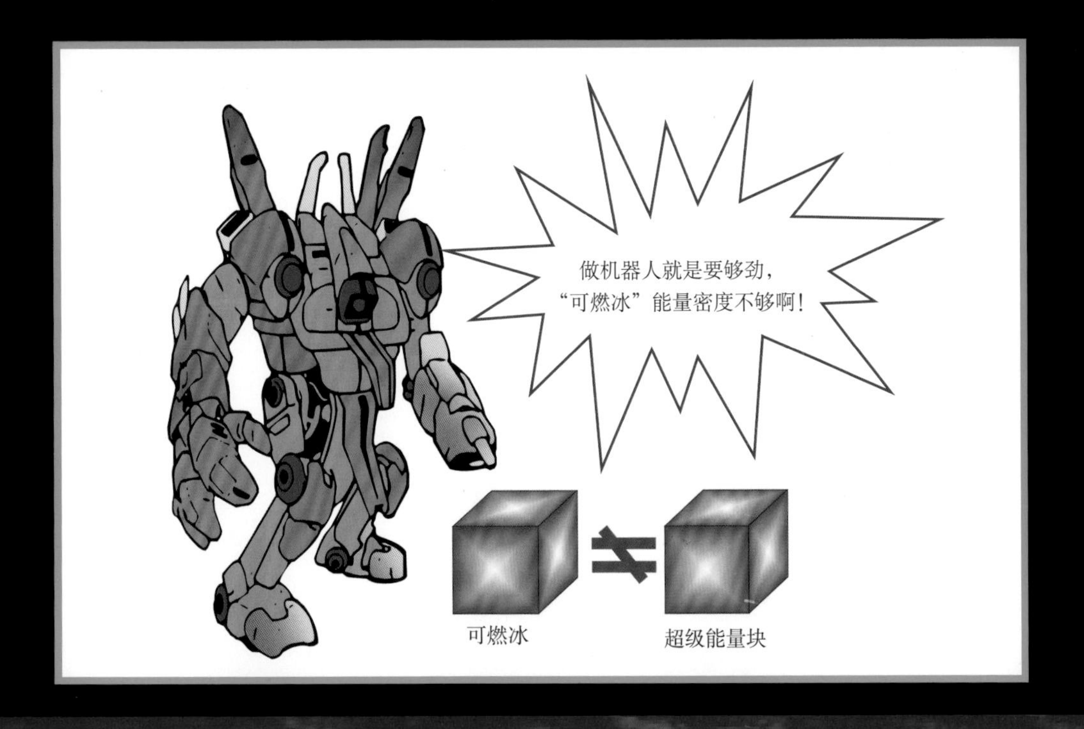

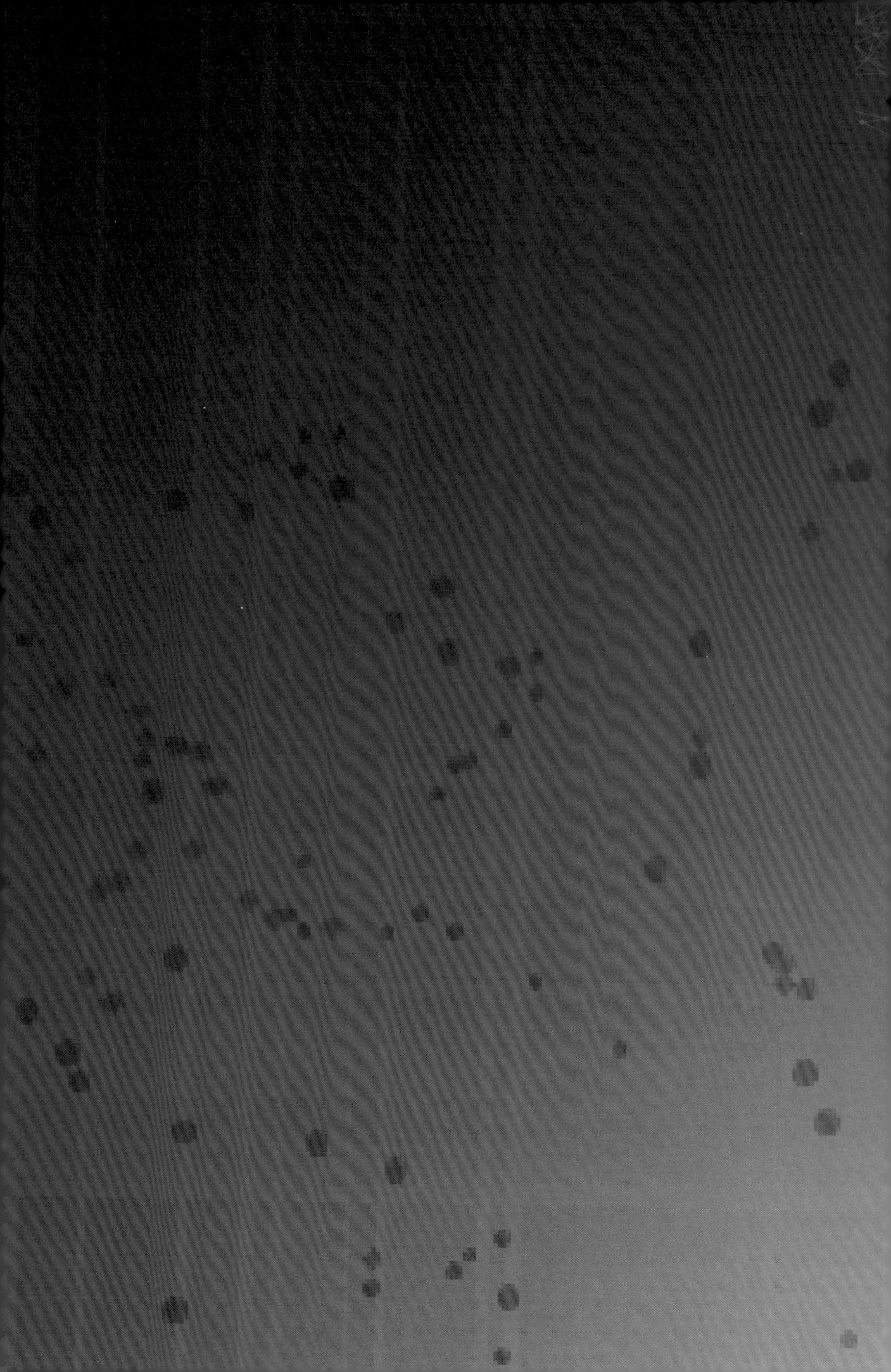

二、可燃冰的分布特征与储量

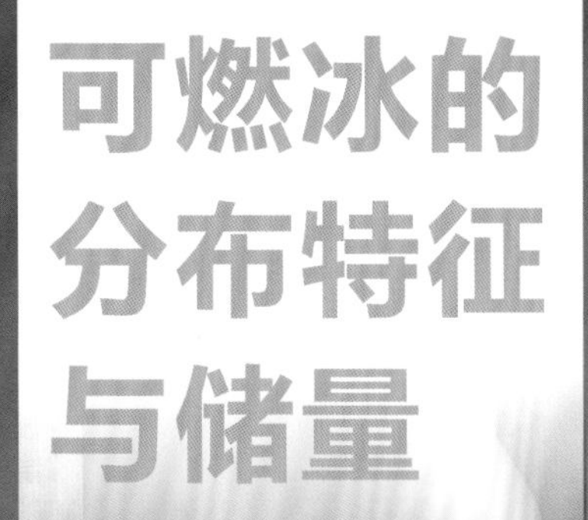

置身泥土藏孔隙，

遍布海洋与大地。

敢问储量有多少？

12. 自然界中可燃冰的形成条件是什么？

可燃冰是由气体分子与水分子在一定的温度、压力等环境条件下形成的产物。自然界中，在水供应充足的前提下，可燃冰的形成还必须满足以下三个基本条件：

第一，要有较低的环境温度。海底温度是 2 ～ 4 ℃，适合可燃冰的形成。如果环境温度高于 20 ℃，可燃冰就很难生成，或者即使已形成的可燃冰也可能“烟消云散”。

第二，要有足够大的压力。例如在 2 ℃左右，需要在 30 个大气压以上的压力才有可能生成可燃冰。所以一般情况下，水深超过 300 米的海底就可满足可燃冰形成的压力条件。

第三，要有持续的甲烷等烃类气体来源。一般认为，气体来源主要有两种：一是海底沉积物中的有机质被细菌分解产生的甲烷；二是来自地球深处（地幔）的石油和天然气源源不断运移提供的烃类气体。

此外，还需要有较好的地质储层，包括一些特定的圈闭或地质构造单元，有利于可燃冰的富集与储存。

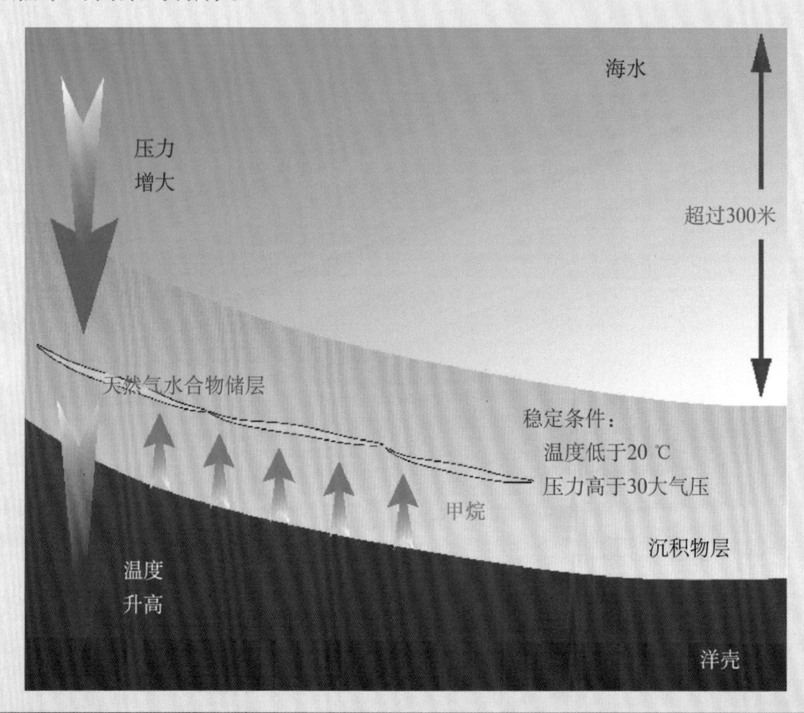

13. 可燃冰在自然界中是如何被发现的?

20 世纪 30 年代，在苏联西伯利亚地区的油气管道和加工设备中，人们发现了冰状固体堵塞现象。当管道中的冰块被敲出溅落地上时，碎冰冒出的气体化作缕缕白烟，点火能燃烧。因此，这些固体不是冰，而是人们现在说的可燃冰。它的形成主要由于当地气温较低，管道中的天然气有一定的压力，气体里含有一定的水汽，满足了可燃冰的生成条件，可燃冰也就在管道中应运而生了，成了麻烦制造者，严严实实地堵住了输气管道。

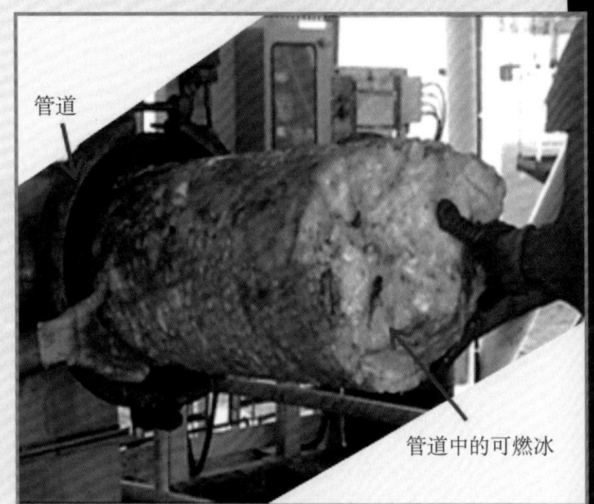

20 世纪 70 年代以来，人们陆续在海底与冻土区发现了可燃冰。其中，加拿大渔民在其西海岸打鱼时，用渔网从海底拖上来一堆类冰状的固体，放在甲板上很快开始分解，产生大量气泡，过一段时间就只剩下一滩水了，这就是最早的从海底表面直接找到可燃冰的记录。实际上，绝大多数的可燃冰都是埋藏在海底以下几十米到几百米深的沉积物中，需要通过海洋地质调查，采用地球物理、地球化学等手段，找出可燃冰存在的蛛丝马迹，然后通过钻探的手段，获得可燃冰样品。到目前为止，美国、加拿大、日本、中国、韩国、印度等先后都在自己的海域或冻土区找到了可燃冰。

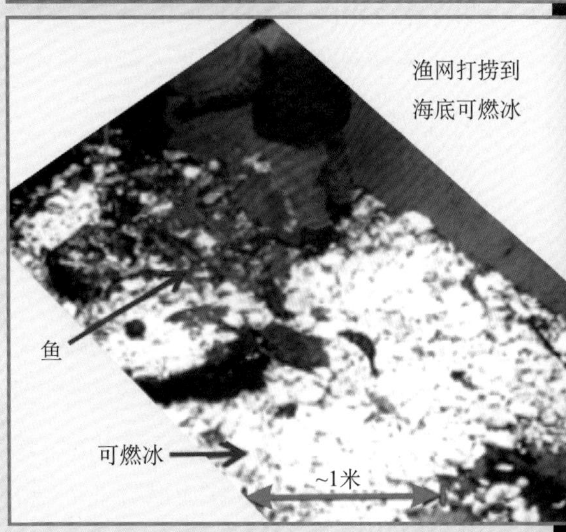

（上图据 Hammerschmidt E. G., 1934, 文献图片修改；下图据 http://www.netl.doe.gov/research/oil-and-gas/methane-hydrates/fire-in-the-ice 网络文献图片修改）

14. 地球上哪里有可燃冰？

从目前来看，可燃冰主要分布在地球上两类地区：一类地区是水深大于300米的海底地层，另一类地区是陆地永久冻土带。在水深超过300米的海底，压力超过了30个大气压，考虑气体来源，可燃冰主要生成于海底以下的沉积物中。由于存在地温梯度，即环境温度随沉积物深度的增加而升高，因此，可燃冰主要分布于海底以下数百米深的松散沉积层中。在陆地永久冻土带，环境温度通常较低，可燃冰主要分布在冻土层以下的地层泥岩裂隙或粗砂岩孔隙中。总体来说，地球上可燃冰的蕴藏量十分丰富，主要分布在如下区域：

（1）西太平洋海域的白令海、鄂霍次克海、千岛海沟、冲绳海槽、日本海、日本南海海槽、印尼苏拉威西海、澳大利亚西北海域及新西兰北岛外海。

（2）东太平洋海域的中美海槽、北加利福尼亚—俄勒冈滨外、秘鲁海槽。

（3）大西洋海域的美国东海岸外布莱克海脊、墨西哥湾、加勒比海、南美东海岸外陆缘、非洲西海岸海域。

（4）印度洋的阿曼海湾。

（5）深水湖泊，如内陆的里海和黑海。

（6）极地地区，如北极的巴伦支海和波弗特海、南极的罗斯海和威德尔海。

（7）大陆永久冻土带地区，如加拿大麦肯齐三角洲、美国阿拉斯加、俄罗斯西伯利亚以及中国青藏高原冻土区等。

15. 自然界中可燃冰“长什么样子”？

在自然界中，受储层的温度与压力条件、气源供给及储存空间等诸多地质环境因素的影响，可燃冰的外表呈现多样化形态。从产地上可分为陆地冻土区可燃冰和海洋可燃冰两种，两者在外观上和气体组成上有很大的不同。

陆地冻土区可燃冰：主要赋存在固结岩石中，由于岩石通常都很致密，孔隙度小，可燃冰一般生长于岩石的裂隙中。例如我国祁连山冻土区钻获的可燃冰样品，是以薄层的形式存在于泥岩的断裂面上。由于该区的气体主要来源于地层深处沿断层运移上来的热解气，气体成分复杂，除了甲烷外，还含有乙烷、丙烷及大分子的丁烷、戊烷等烃类气体，可燃冰的颜色略呈黄色，以Ⅱ型结构为主。

海底可燃冰：主要赋存于海底陆坡、岛坡和盆地的松散沉积物中，由于形成环境条件差别较大，海底可燃冰的外观多种多样，主要有块体状、薄层状、结核状、脉状和分散状等。海底可燃冰的气体来源以生物成因为主，主要为 I 型结构。

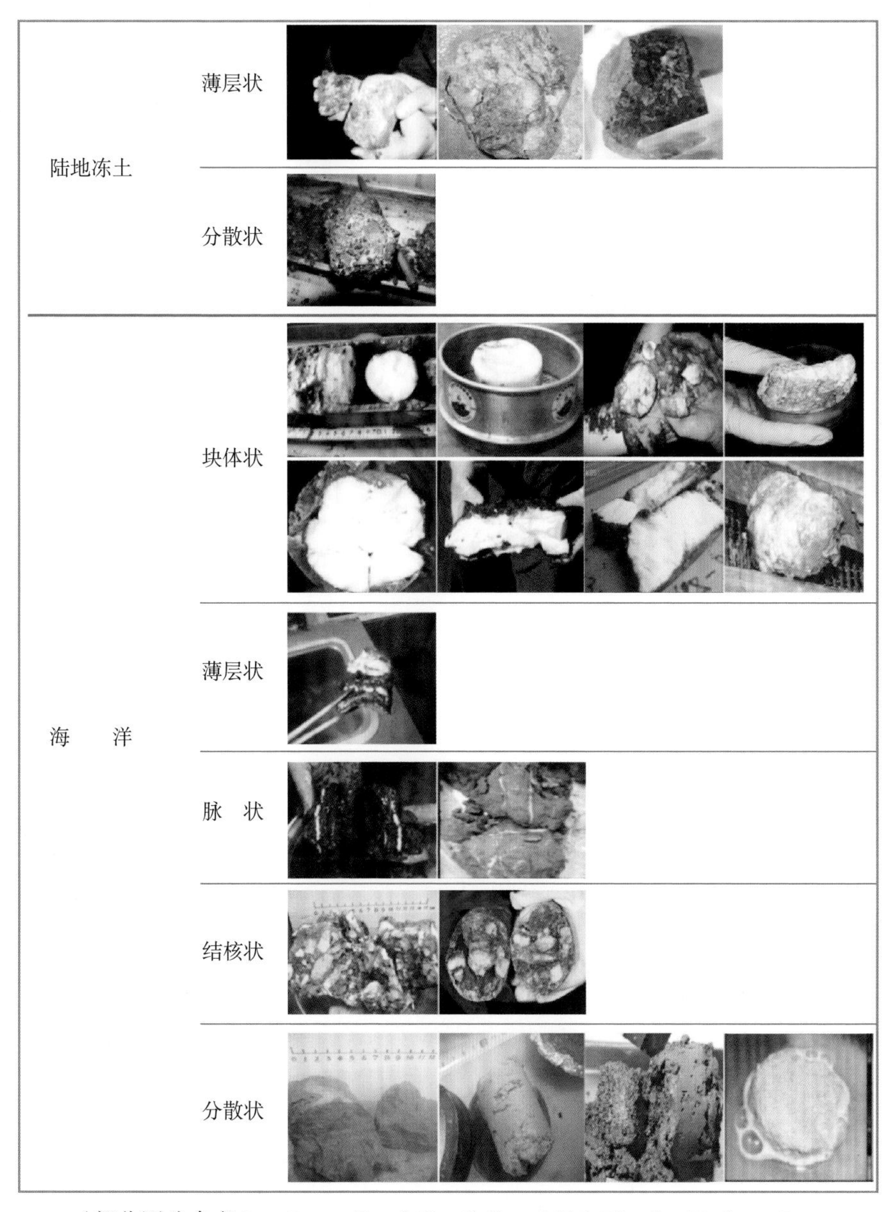

（部分图片参考 Ray Boswell and Tim Collett, 2006, The Gas Hydrates Resource Pyramid http: // www.netl.doe.gov/research/oil-and-gas/methane-hydrates/fire-in-the-ice）

16. 生成可燃冰的气体来自哪里?

形成可燃冰的气体主要有四种来源：其一为大气中的烃类气体溶解于海水而进入沉积物；其二是浅层沉积物中的有机质在细菌的降解作用（生物化学作用）下产生的甲烷气；其三是深部沉积有机质热成熟或石油在热裂解作用下产生的天然气；其四为火山作用产生的无机成因的烃类气体。

从气体的成因类型来看，可燃冰气体分为生物成因和热成因两种。其中，生物成因气为沉积物中的有机质转化而来。有机质先通过厌氧氧化产生二氧化碳，二氧化碳再被甲烷菌吃掉而转化成甲烷。因为沉积物中的有机质含量并不太高，分布也比较分散，难以产出大规模的甲烷气，因此生物成因气形成的可燃冰一般来说比较分散。

热成因气来自地层深部，主要由干酪根热解产生的天然气，不仅有甲烷气，还有乙烷、丙烷等大分子的烃类气体。一般来说，热成因气需要一些通道往上走，到了浅层以后，遇到合适的温度、压力条件，就生成可燃冰。由于气体比较集中，形成可燃冰的量一般比较大，而且可燃冰稳定带的底下往往还有常规的天然气储藏，可以先开采下面的天然气，然后再开采上面的可燃冰，这样的可燃冰开采价值较高。

17. 如何评估可燃冰的资源量？

目前，对可燃冰资源量估算主要有“概率统计法”和“体积法”两种方法，前者又称“蒙特卡洛”法，通过计算样本的频率可以较好地评价和描述计算结果的可信度，不需要选择准确的参数数据。然而，“体积法”是最常用的方法，特别是对可燃冰储量的估算上，结果更可信。该方法主要有五个主要参数：可燃冰的分布面积、储层厚度、孔隙度、可燃冰饱和度及产气因子（水合指数）。

可燃冰的分布面积及储层厚度等参数，可根据研究区水深、海底温度、地温梯度、气体成分及海水盐度等参数，通过模拟计算可燃冰稳定带的厚度和成矿带的范围，通过海洋地震勘探及钻井来确定。孔隙度参数可通过测井来获得。可燃冰饱和度是个很重要的参数，主要指沉积物孔隙中可燃冰的填充程度，是个变动较大的参数，很难准确选取。一般需要根据测井的声波、电阻数据以及储层的氯离子浓度来计算，需要依据实验室模拟数据来验证。产气因子是指单位可燃冰体积在常压下的产气量，可现场测试，也可在实验室测试可燃冰的水合指数来计算可燃冰的纯度。

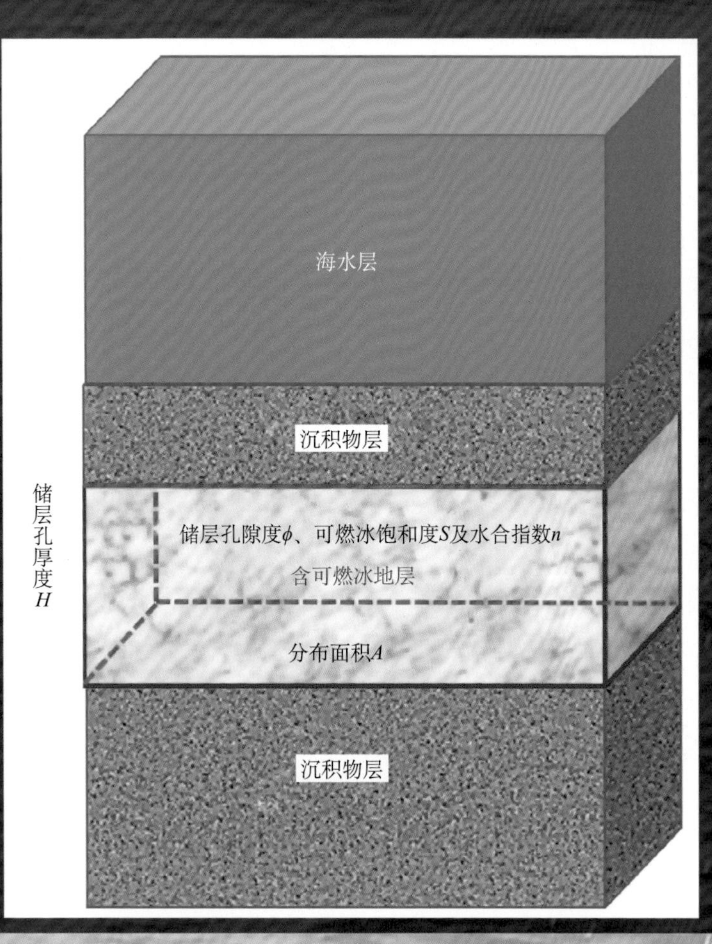

我们要知道，上述“体积法”只适合孔隙填充型、分布较均匀的可燃冰资源量的估算，并不适合块状、不连续可燃冰矿区的资源量估算，对此还需要进行深入研究。

18. 可燃冰储量知多少

全球范围内可燃冰的资源总量的问题，一直是科学界讨论的热点。可燃冰是潜力巨大的未来能源，在整体上和区域上其资源量是惊人的。据科学家估计，海底可燃冰可能的分布范围约占海洋总面积的 10%，相当于 4000 万平方千米。全球可燃冰资源量，相当于当前已探明化石燃料（煤、石油和天然气）总含碳量的两倍。此外，由于可燃冰的非渗透性，常常可以作为其下层游离天然气的封盖层。最近有专家指出，可燃冰稳定带内及其下层的游离气体同属于可燃冰系统，这样算的话，可燃冰的资源总量会更大一些。所以，科学家称其为“21 世纪能源”或“未来能源”。

中国可燃冰储量家底知多少？经过近 20 年的调查研究，中国在南海和青藏高原都发现了可燃冰的存在。中国在 2007 年、2013 年、2015 年和 2016 年，连续在南海北部陆坡进行可燃冰钻探，获得了大量的可燃冰样品，证实了南海海域蕴藏丰富的可燃冰资源。总体上看，中国可燃冰分布广、类型多、储量大。南海北部可燃冰储层厚度一般在 50 ～ 100 米。科学家根据可燃冰发育的范围、厚度、孔隙度、饱和度等参数，建立可燃冰资源量的估算方法。据估计，我国海域可燃冰资源量大约为 800 亿吨（1 吨 =1000 千克，下同）油当量。800 亿吨油当量是什么概念？大致换算，约合 5700 亿桶石油，接近世界最大石油储备国委内瑞拉两倍的石油储备量。

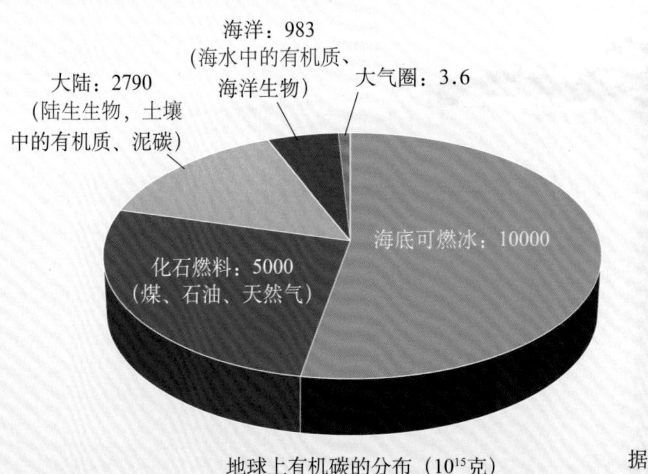

地球上有机碳的分布（10^{15}克）

10000

5000

据估计，全球可燃冰资源量，相当于当前已探明化石燃料总含碳量的2倍

19. 可燃冰是可再生能源吗?

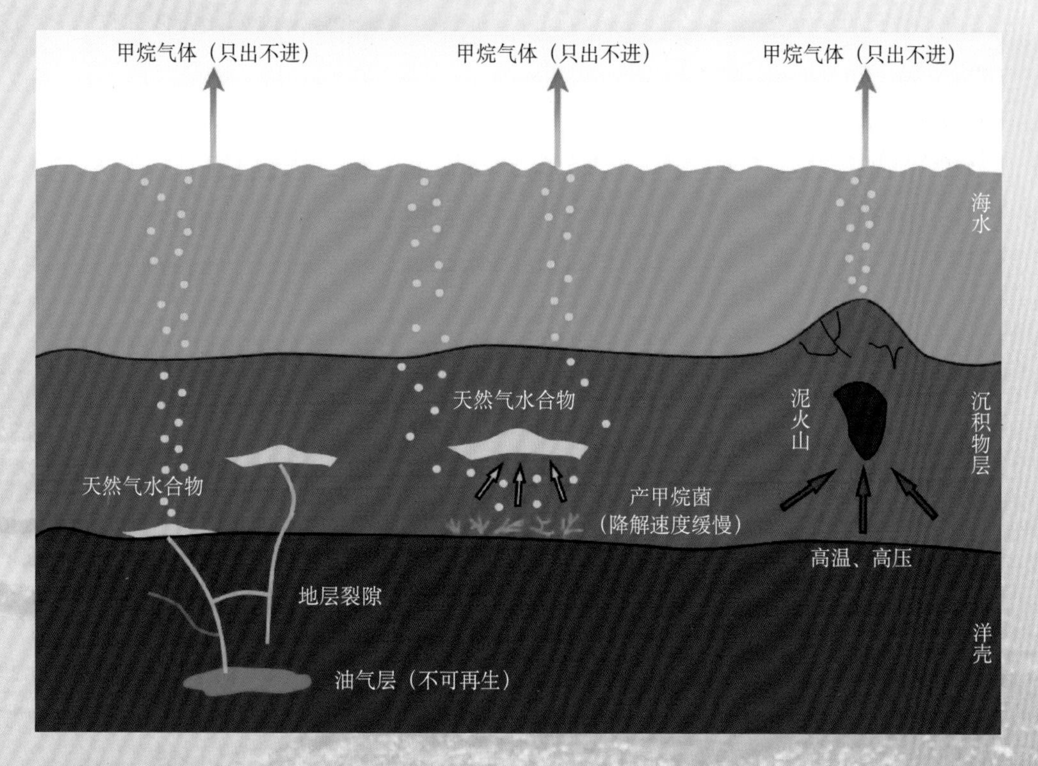

可燃冰顾名思义是一种可以“燃烧的冰”，是一种非常规能源。这主要是因为可燃冰含有丰富的天然气，而这些天然气来源于沉积物中的有机质氧化或地层深部的油气逸出，燃烧完就没有了，是不能再生的，因此，可燃冰与石油、天然气资源一样，都属不可再生能源。

在常温、常压下，1 立方米的可燃冰分解能够产出 164 立方米天然气和 0.8 立方米水，是一种能量密度较高的能源。在自然界中，要形成可燃冰，除了有充足的水源外，还必须同时具备三个条件：一是较低的温度，通常为 2 ～ 5 ℃；二是较高的压力，海水水深超过 300 米；三是充足的气源。如果不考虑气源条件，那么全球大约 27% 的陆地（极地冰川及永久冰土带）和 90% 的大洋水域都具备了可燃冰生成的温度、压力条件，都有可能形成可燃冰。然而，实际情况并非如此，可燃冰只存在于极少数的海洋和陆地区域，这充分说明充足的气源才是可燃冰生成的必要条件。已知的天然气主要来源于地层深处的热解气，以及海底沉积物中有机质氧化的生物成因气，由于这些气体是不可再生的，因此，可燃冰不是可再生能源。

20. 中国可燃冰研发经历哪些大事？

中国在 20 世纪 90 年代就开始关注可燃冰了，至今已有近 30 年了，经历了一系列里程碑式的事件。

1990 年中国科学院与俄罗斯莫斯科大学冻土专业学者合作，开展室内可燃冰合成实验。当时的国土资源部于 1999 年启动了可燃冰的调查研究。2001 年，中央电视台 10 频道“走进科学”节目报道了青岛海洋地质研究所实验室合成可燃冰的过程。2002 年，国家批准设立了可燃冰“118”专项（2002—2010 年），启动了我国可燃冰资源的勘查与评价研究。2009 年，我国首个可燃冰 973 计划（2009—2013 年）启动，开始我国南海可燃冰成藏机理与开采基础理论方面的研究。

2007 年，中国在南海北部神狐海域首次钻获了可燃冰实物样品。2009 年，在青海省祁连山南缘永久冻土带成功钻获可燃冰实物样品，成为世界上第一次在中低纬度冻土区发现可燃冰的国家。2011 年，可燃冰“127”国家专项（2011—2030 年）启动，全面开展可燃冰资源的勘查、开发研究，旨在摸清我国可燃冰家底、探索可燃冰开采技术。2013 年和 2015 年，我国分别在南海神狐海域、珠江口盆地钻获了可燃冰实物样品。2017 年 5—7 月，我国首次在神狐海域泥质粉砂沉积物中开展可燃冰试采并获得成功。同年 11 月，国务院正式批准将可燃冰列为我国第 173 个新矿种；12 月，科技部批准建设“可燃冰国家重点实验室”，将极大推动我国可燃冰资源勘查与开采工作快速发展。由此可见，中国对可燃冰的研究，虽然起步较晚，但进展较快，在可燃冰资源的调查与研究已处于国际领先水平。

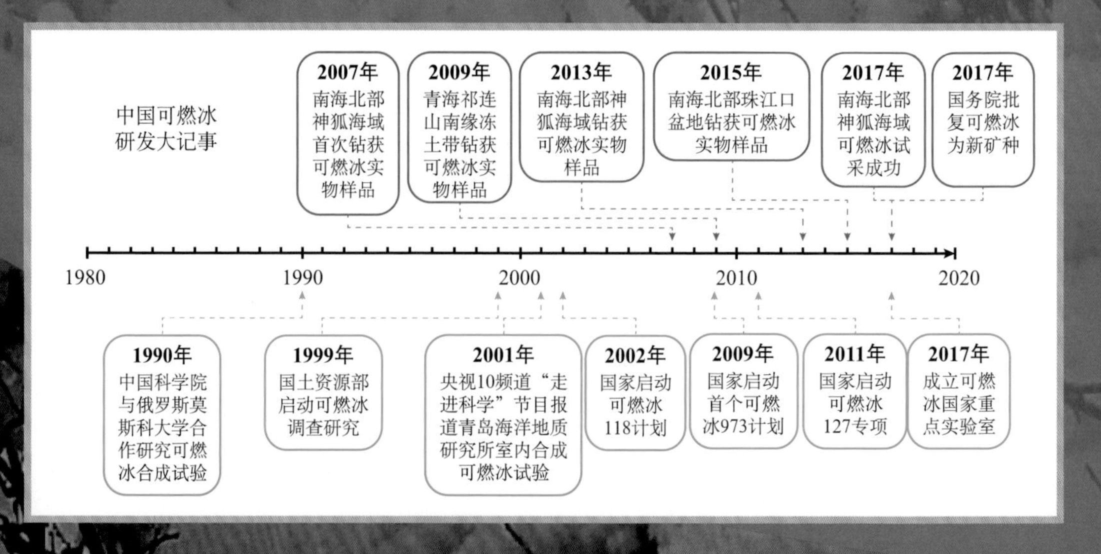

21. 目前国际上可燃冰研发概况如何?

目前，世界上至少有 30 多个国家和地区开展了可燃冰的调查与研究工作，总体上，在可燃冰研发的步伐上呈你追我赶之势。

从 20 世纪 80 年代开始，美、英、德、加、日等发达国家纷纷投入巨资，相继开展可燃冰研究。至今，已有美国、加拿大、日本、韩国、中国、印度、德国、新西兰等国设立了国家研究计划，开展了可燃冰资源调查、钻探、开采技术及环境影响等系统研究。目前，可燃冰探测的范围已覆盖了全球几乎所有大洋陆缘的重要潜在地区，以及高纬度永久冻土区，在全球海域或陆地已发现的可燃冰有 130 多处。

日本在可燃冰的勘查和开发能力方面处于国际领先地位，经过多年的研究，已经掌握了可燃冰勘查与开采的顶尖技术。对于可燃冰的研发，日本有着极为清晰的战略计划和发展框架，总体可分为四个阶段：2001 年至 2006 年为第一阶段，开展基础研究，选择有效的开采地点；2007 年至 2011 年为第二阶段，进行可燃冰开采技术研究，评估可燃冰开采对环境的潜在影响；2012 年至 2016 年为第三阶段，具体解决可燃冰开采的技术问题，对可燃冰开采的经济性进行评估；2017 年开始进入第四阶段，对可燃冰的商业生产价值、开采效益和环境影响做出最终的综合评价。日本是国际上首次进行海底可燃冰试采的国家，于 2013 年在日本南海海槽进行了第一次试采，并于 2017 年在同一地点进行了第二次试采，目的是加快可燃冰商业化开采与应用的步伐。

oenix v|tome|x

三、可燃冰的鉴定与检测技术

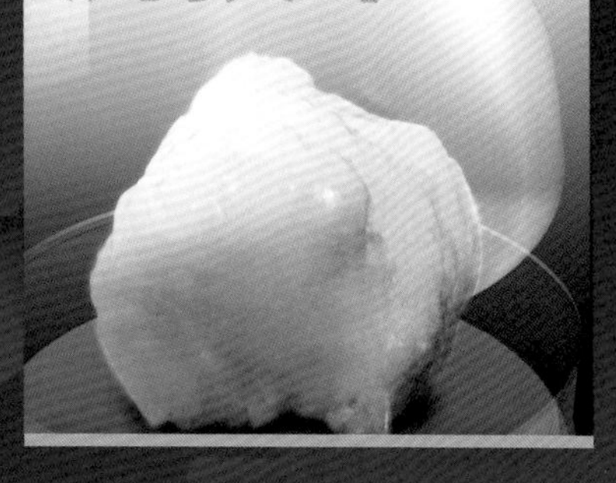

仪器设备逞英雄，
实验合成可燃冰。
测试技术显身手，
结构形态露真容。

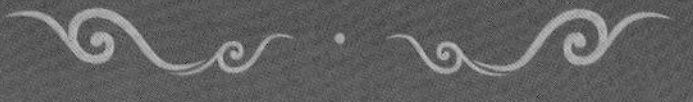

22. 在现场如何快速鉴定可燃冰样品？

在海上或陆地冻土区进行可燃冰钻探时，对钻取的沉积物岩心，如何采用简易方法而不需要借助仪器设备就能快速鉴别、确认其含有可燃冰样品呢？下面介绍三种简单有效的方法。

（1）观察法：肉眼可见的可燃冰，其大部分外貌似冰，颜色上多呈白色或浅灰色。在钻探取心过程中，如果环境温度在 0 ℃以上时发现了似冰状晶体，取一小块放在手上有气泡生成，且很快就消失了，则基本上可以判断为可燃冰。如果是冷冻的岩心样品，肉眼观测则很难将可燃冰与冰区分开来。

（2）冒泡法：海底沉积物中大多数可燃冰赋存在多孔介质的孔隙中，肉眼不可见。判断是否含有可燃冰，可取少量沉积物样品放入水中，如果形成一条连续的线状气泡，并能够持续一定时间，说明沉积物中可能包裹着可燃冰。

（3）点火法：可燃冰含有大量的可燃性气体，主要成分为甲烷，如果收集沉积物释放的气体点火可燃烧并能持续一段时间，可判断为含有可燃冰；有些冻土区固结岩心，在其断截面直接点火也可燃烧，说明岩心裂隙中含有可燃冰。

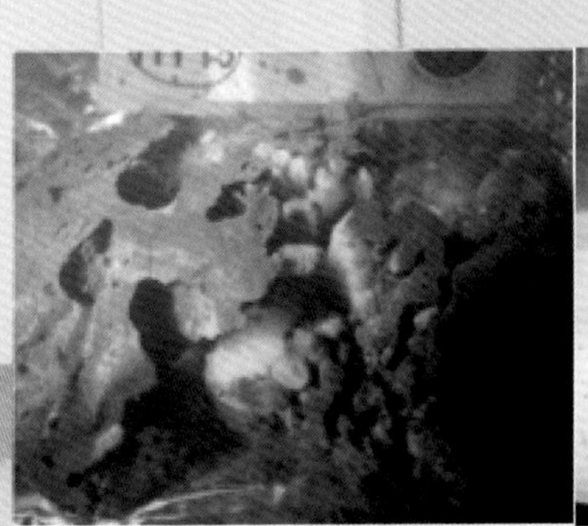

◆ 观察法

常温下，沉积物中囊有白色类冰状晶体

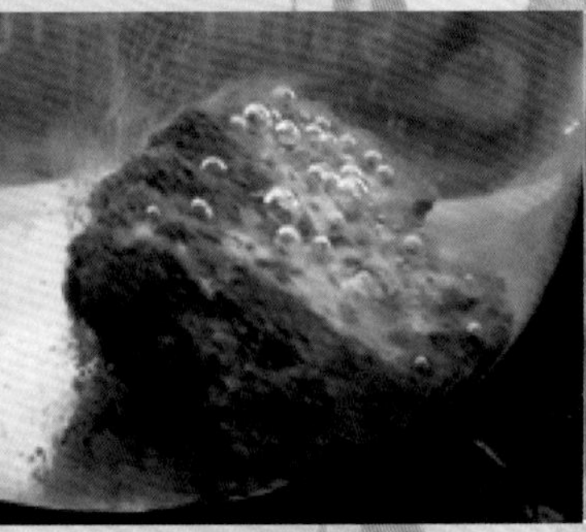

◆ 冒泡法

肉眼难见，但放入水中可持续冒泡一定时间

◆ 点火法

肉眼难见，但岩心内部可燃冰分解气可以点燃

（右图据 LU Zhengquan 等，2010，Gas Hydrate Features in the Qilian Mountain Permafrost, Qinghai Province, China, http://www.netl.doe.gov/research/oil-and-gas/methane-hydrates/fire-in-the-ice 修改）

23. 如何在实验室内合成可燃冰?

可燃冰钻探成本高、风险大，获取的可燃冰样品量少，难以满足可燃冰的各项研究需求，因此，需要在实验室内人工合成可燃冰。

根据可燃冰生成的三个条件：低温、高压、充足的气和水，在实验室内，我们需要研发模拟实验装置来满足可燃冰的生成条件。模拟实验装置主要由高压反应釜、控温系统、供气系统、数据采集系统等组成，先把一定量的水放在高压反应釜里，向釜中加甲烷气达到一定的压力（一般 5 兆帕以上），然后通过控温系统将高压反应釜降温（一般 2 ℃左右），确保温度、压力处于可燃冰的稳定区域，持续一段时间直到反应釜内的压力降到一定值并保持不变，表明可燃冰制备完成。

在实际工作中，由于可燃冰的生成速度比较慢，为了能加快其生成速率，通常采用搅拌法、加表面活性剂等多种方法，也可采用人造冰粉直接与甲烷气体在低温、高压下合成可燃冰。针对沉积物中可燃冰的合成，采用饱和气体循环法、温度震荡法也可以加快可燃冰的生成速度。

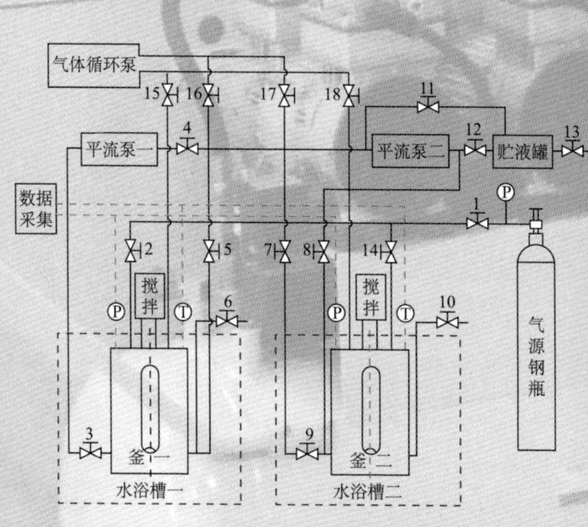

◆ 可燃冰制备装置示意图

实验室内将高压气体和水置于压力容器中，采用水浴或气浴控制反应温度，一定时间后即可生成可燃冰

◆ 采用搅拌法制备的可燃冰

搅拌能够加速气体在水中的溶解速率，缩短可燃冰生成的诱导时间，同时加快反应过程的传质和传热过程，促进可燃冰的快速聚集。

24. 微观世界里的可燃冰表面长什么样子？

大家也许会好奇，在微观世界里可燃冰的表面是什么样子？这个问题可用扫描电镜（SEM）微观观测技术来回答，该技术采用聚焦电子束在试样表面逐点扫描成像，可观测可燃冰表面的微观形貌。在对可燃冰样品进行 SEM 观测时，必须采用液氮制冷，确保可燃冰不分解。

从 SEM 图像看，可燃冰、冰、沉积物的颗粒表面微观形貌各不相同。沉积物的颗粒表面粗糙，相对而言，可燃冰表面比较光滑，这就很容易将可燃冰与沉积物分辨开来，而且可燃冰颗粒与沉积物颗粒边缘清晰。与可燃冰颗粒相比，冰颗粒表面更光滑，且随着观测时间的延长不发生变化；可燃冰颗粒表面随观察时间延长会出现变化，如将可燃冰放大至 2500 倍以上，会发现其表面出现很多纳米级微孔，这主要是由可燃冰颗粒表层气体挥发引起的。另外，我们可以借助低温扫描电镜配置的能谱分析手段，很容易分辨出可燃冰与冰，因为可燃冰除了含水分子外，还含有气体分子，能够测出其碳原子含量，而冰只含有氢和氧原子。

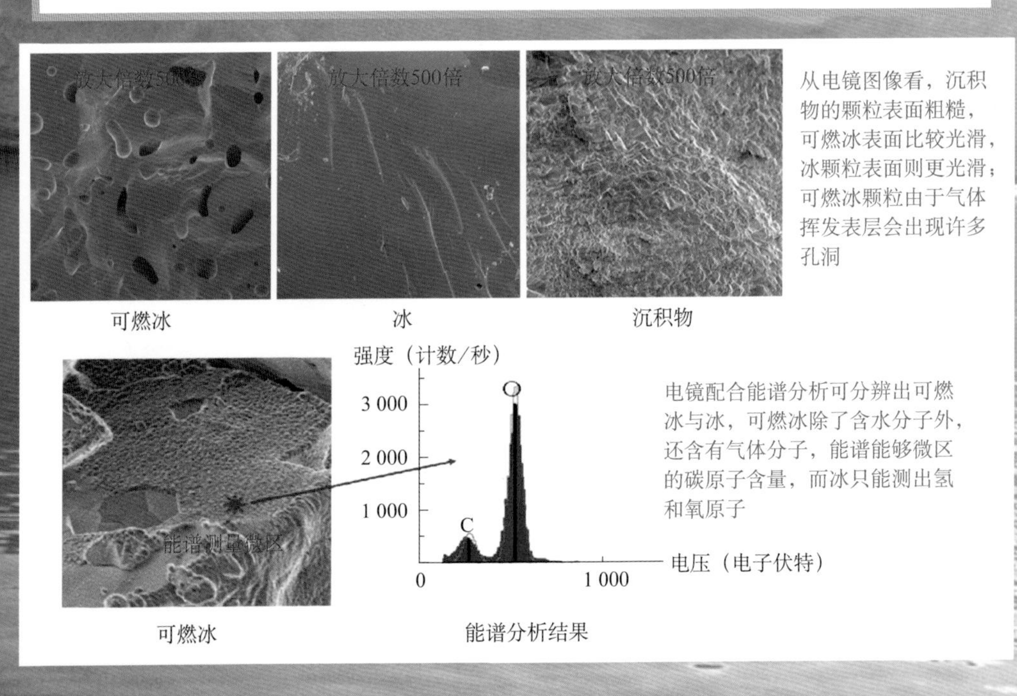

从电镜图像看，沉积物的颗粒表面粗糙，可燃冰表面比较光滑，冰颗粒表面则更光滑；可燃冰颗粒由于气体挥发表层会出现许多孔洞

电镜配合能谱分析可分辨出可燃冰与冰，可燃冰除了含水分子外，还含有气体分子，能谱能够微区的碳原子含量，而冰只能测出氢和氧原子

25. 如何观测可燃冰在多孔介质中的生长与消亡?

在颗粒较粗的多孔介质中，可燃冰主要赋存在其孔隙中。能否观测到可燃冰在多孔介质孔隙内的生成与消亡过程？答案是肯定的。我们采用X射线计算机断层扫描（CT）技术，可实现直接观测的目的，这就像在医院里给人做CT检查一样。我们采用的工业CT技术，分辨率更高，可达几个微米，能清楚地看到多孔介质孔隙内的气、水以及可燃冰分布的变化。

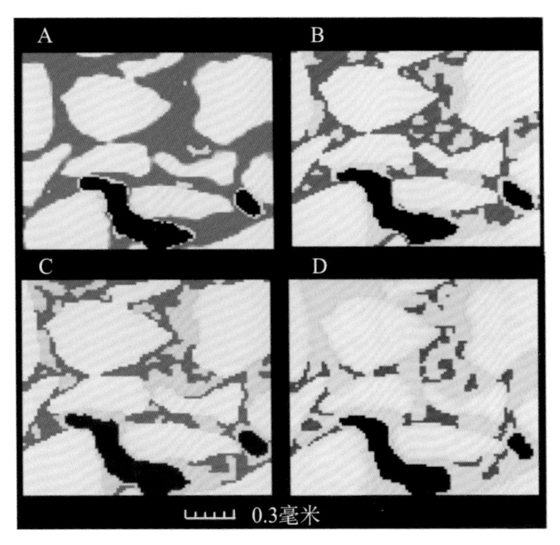

◆ 石英砂孔隙中可燃冰的生长变化过程图

（黄颜色为可燃冰，黑色为甲烷气，灰色为水，白色为石英砂颗粒）

在与CT联用的可燃冰反应釜内，由于多孔介质颗粒、游离气、可燃冰以及水等物质成分的密度不同，对X射线的吸收系数就不同，反映在CT图像中便是灰度值大小的差异。通过计算机对投影图像进行反色和滤波等处理，从而获得理想二维灰度图像。在此基础上，通过将每个体素的X射线衰减系数排列成数字矩阵，运用一系列算法重建出来完整的三维数据，可以获得三维图像。

在实际工作中，由于可燃冰与水的密度非常接近，在CT灰度图像上二者的灰度值相近，不利于二者边界的确定。这需要采用一系列的技术方法来准确判断两者的边界，如增加水溶液密度法、参比法及图像噪音消除法等。只有可燃冰与水边界得到了准确的划分，我们才能通过观测水与可燃冰之间的相互转化，来研究可燃冰在多孔介质中的生长与消亡规律。

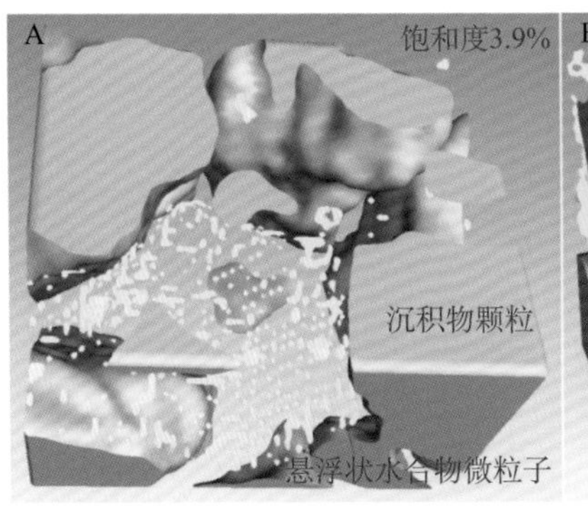

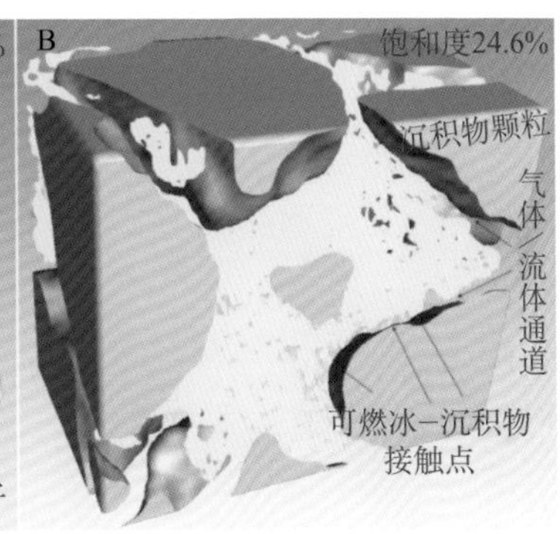

◆ 沉积物中水合物三维微观分布图

a. 水合物生长初期（饱和度为3.9%），大量水合物微粒子（35～110微米）悬浮在孔隙中；b. 水合物继续生长（饱和度为24.6%），微粒子成团块状，通过众多触点与沉积物颗粒接触

26. 可燃冰在南海细颗粒沉积物中是如何分布的?

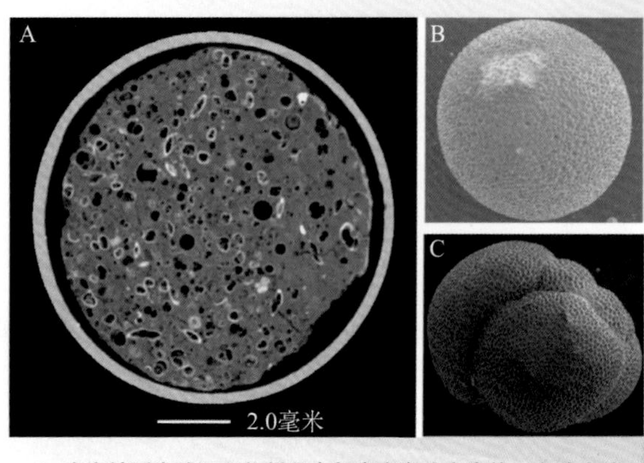

◆ 南海神狐海域沉积物样品内部富含有孔虫壳体，有孔虫外表各种不同形状（B、C），内部通过口孔和壁孔与外界相连通为可燃冰提供了理想的生长空间（A）

南海神狐海域的沉积物颗粒较细，黏土含量高，与之相对应的是沉积物的孔隙很小，不利于可燃冰的形成。然而，我国在神狐海域钻获的可燃冰岩心样品，其饱和度最高可达 40%，如此高饱和度的可燃冰是怎样生成与分布的？原来，在南海神狐海域细颗粒沉积物中分布着大量的不同大小的微生物壳体，这些壳体有较大的腔体空间，是可燃冰藏身的好地方。

我们采用 X-CT 对南海神狐海域样品进行观测，可明显看见颗粒较大的微体古生物壳体，其体积百分含量大约在 25% 左右。这些有孔虫等微体古生物壳体具有多孔状、渗透性好的特点，有利于可燃冰的生成。从 CT 图像还可以看到，在微体古生物壳体中有自由气体，为可燃冰的生成提供气体来源。生成的可燃冰多为结核状分布其中，其饱和度与微体古生物壳体百分含量呈正相关。因此，这些古生物壳体不仅充当了沉积物的粗砂组分，而且因其本身所具有的多孔结构而增大了沉积孔隙空间，从而为可燃冰富集提供了有利的生长环境和便利的储集空间。

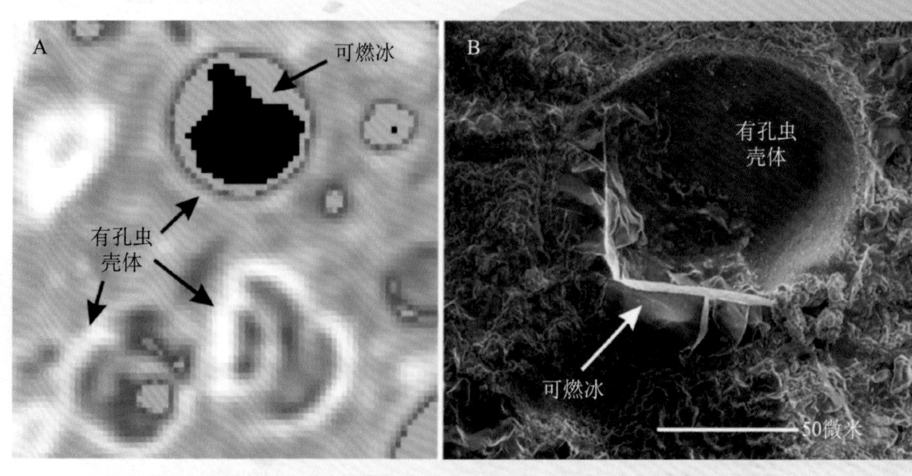

◆ 可燃冰附着在有孔虫壳体内侧生长。（A 图为 CT 二维图，B 图为扫描电镜图）

27. 为何要保存可燃冰？怎样保存？

依据可燃冰的形成条件，它主要存在于几米到几百米深的海底沉积物中，水深通常大于300米，或者存在于陆地永久冻土区。为了寻找可燃冰，科学家们花费了大量的人力、物力，并且采用先进的“保压取心”采样技术，才能获得完整的可燃冰样品。另外，由于目前的采样技术还不成熟，能取到的可燃冰量很少。因此，可燃冰样品十分珍贵，从经济学角度看比黄金还贵，从科学角度看有不可替代的研究价值。所以我们必须对这些宝贵的可燃冰样品进行妥善保存，才能进一步开展系统的研究。

可燃冰在常温、常压下非常不稳定，极易分解。如何妥善保存可燃冰样品？目前，主要有两种有效方法。

（1）高压法：使用特制压力装置加压保存。最好用水、惰性气体作为压力介质，一般来说压力容器放在5 ℃左右的冷库中，压力控制在10～20兆帕。在整个保存过程中，要经常检查其压力变化情况，防止压力容器泄漏引起的压力降低而使可燃冰样品分解甚至消失。

（2）低温冷冻法：一般来说在常压下至少温度低于-80 ℃时可燃冰样品可以保持稳定。因此，人们通常采用液氮（-196 ℃）来保存可燃冰样品，主要由于液氮温度低、易得、价格相对较低，是目前国际上最常用的保存方法。此外，由于可燃冰有“自保护效应”，在短期内（小于30天）保存可燃冰样品，可选择保存在温度低于-20 ℃的介质中。

◆ 高压法

使用特制压力装置加压保存，一般压力介质为水、惰性气体，温度在5 ℃左右，压力控制在10～20兆帕

◆ 低温冷冻法

可燃冰样品常压下一般在温度低于-80 ℃时可以保持稳定，因此常置于液氮（-196 ℃）中保存

28. 为何要建立可燃冰检测技术？

2017 年，中华人民共和国国务院批准可燃冰成为我国第 173 个矿种。作为一种新的矿种，相对于其他岩石矿物来说，可燃冰检测技术十分匮乏，特别是可燃冰的微观检测技术，急需建立，因为可燃冰研究涉及的许多科学问题都需要从微观层面来解答。例如可燃冰的成核、聚集与成藏受何因素控制？气体分子是否填满了可燃冰晶体的笼子？其水合指数是多少？另外，可燃冰在沉积物孔隙或裂隙中饱和度是多少？如何分布？不同的分布方式对储层物性有何影响？要准确回答这些科学问题，迫切需要建立先进的微观检测技术对其进行直接观测和分析。

因此，应该充分利用现代高新仪器，针对可燃冰在常压下不稳定、易分解的特性，不断研发与这些高新仪器联用的实验装置，建立系统的可燃冰微观检测技术与方法，获得可燃冰的结构类型、笼占有率、气体组成、形态学、赋存状态以及微观动力学过程等基本信息，为深入、系统地研究可燃冰提供技术支撑。

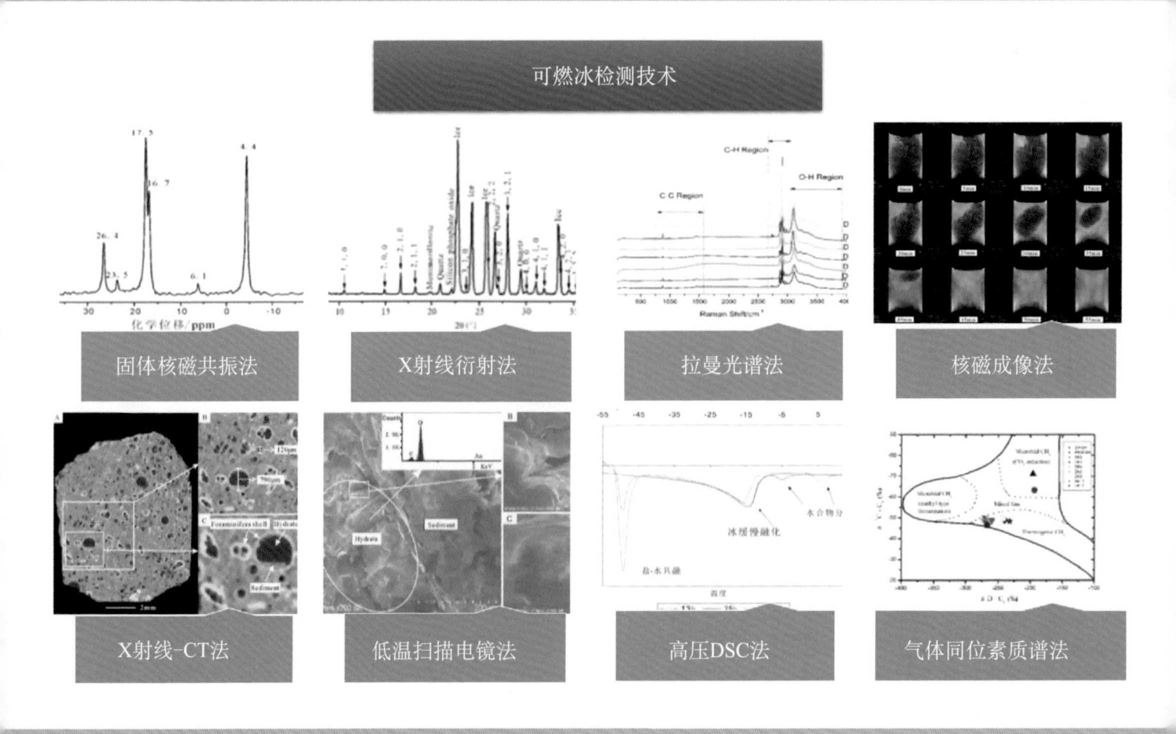

29. 如何从拉曼光谱图上识别可燃冰？

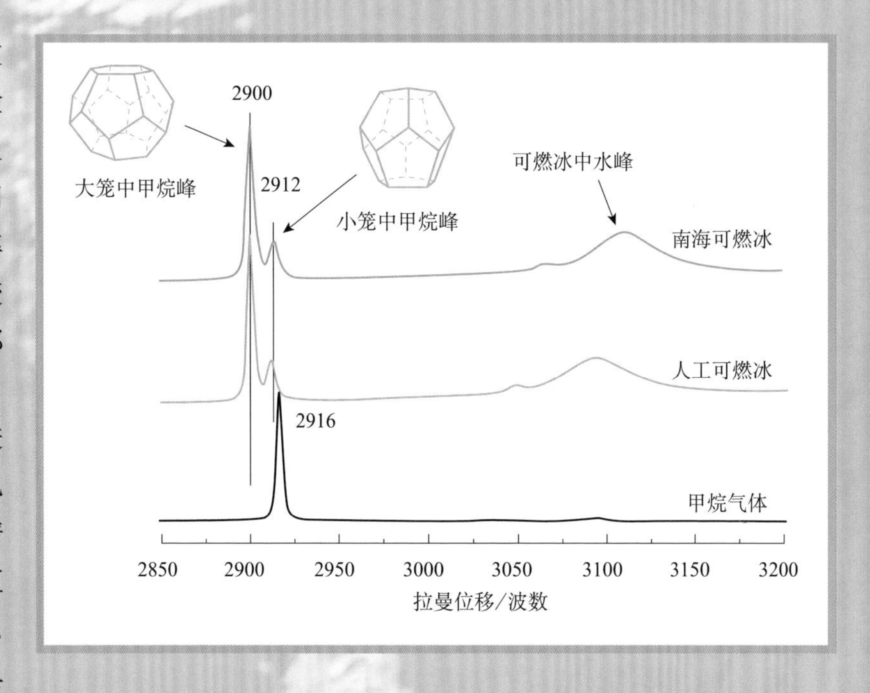

拉曼光谱技术是一种无损检测技术，能够反映分子内原子间化学键振动频率（振动能）的变化。每种分子都有其特征光谱，据此可对物质进行定性分析，也可以根据光谱谱带位置和强度值进行定量分析。激光拉曼光谱具有所需样品量极少、分辨率高的特点，由于激光聚焦到样品上的光斑直径为 1 ～ 2 微米，故可以直接检测出沉积物中肉眼不可见的可燃冰样品，是一种科学、快捷的可燃冰鉴别技术。

自然界可燃冰的主要成分是甲烷，因此，其拉曼光谱中必须有甲烷峰。对岩心中肉眼可见的冰状物质进行测试，只要能测出甲烷的拉曼峰即可断定该物质是可燃冰而不是冰；对肉眼不可见的可燃冰岩心样品，如果测出甲烷的拉曼峰也说明有含可燃冰的可能，这还需要从拉曼峰型上来确定。因为，自由的甲烷分子只有一个拉曼峰，位置（拉曼位移）在 2916 波数左右；在可燃冰晶体内的甲烷分子，由于分布于其晶体结构的大、小笼子里，受到的分子间作用力不同，因此，可燃冰中的甲烷分子显示两个甲烷峰。所以，如果沉积物岩心中只测出一个甲烷峰，则说明该岩心中只有甲烷吸附气而没有可燃冰晶体。

此外，在可燃冰晶体内，一个甲烷分子占据一个笼子，在大笼的拉曼位移在 2900 波数左右，在小笼为 2912 波数左右，且拉曼强度与分子数量成正比。由于 I 型和 Ⅱ 型可燃冰的大笼与小笼数量之比分别为 3 : 1 和 1 : 2，根据测定的拉曼位移及强度，我们可以很好地判定可燃冰的结构类型。

30. 如何给可燃冰做个核磁共振检测?

核磁共振成像（MRI）技术是利用氢质子核在主磁场中受到射频脉冲激发后产生核磁共振、能量发生改变的现象进行成像，可以探测到自由水中的氢，却不能对固相中的氢成像，因而其信号亮度的变化可以清晰地反映可燃冰反应体系中自由水的变化。

在可燃冰的生成或分解过程中，体系的自由水是一个逐渐减少或增加的过程。通过研制低温、高压反应装置，利用 MRI 技术可观测装置内可燃冰的生成或分解过程。在反应装置中，MRI 信号主要来源于体系中自由水的氢质子，其强度与氢质子含量成正比，强度越高，MRI 图像亮度越大。在可燃冰形成过程中，由于液态水不断转化成固态可燃冰，自由水含量减少，MRI 信号强度逐步减弱，表现为 MRI 图像的亮度逐渐变暗。反之，在可燃冰分解过程中，随着可燃冰笼型结构的瓦解，体系中自由水含量逐渐增加，MRI 图像的亮度逐渐增强。因此，通过观察 MRI 图像亮度的变化，可判断可燃冰的生成或分解的动态变化与反应进程。

此外，针对多孔介质中可燃冰的检测，MRI 技术还可以提供多孔介质的有效孔隙度、孔隙尺寸分布、流体分布以及可燃冰饱和度变化等定量数据。

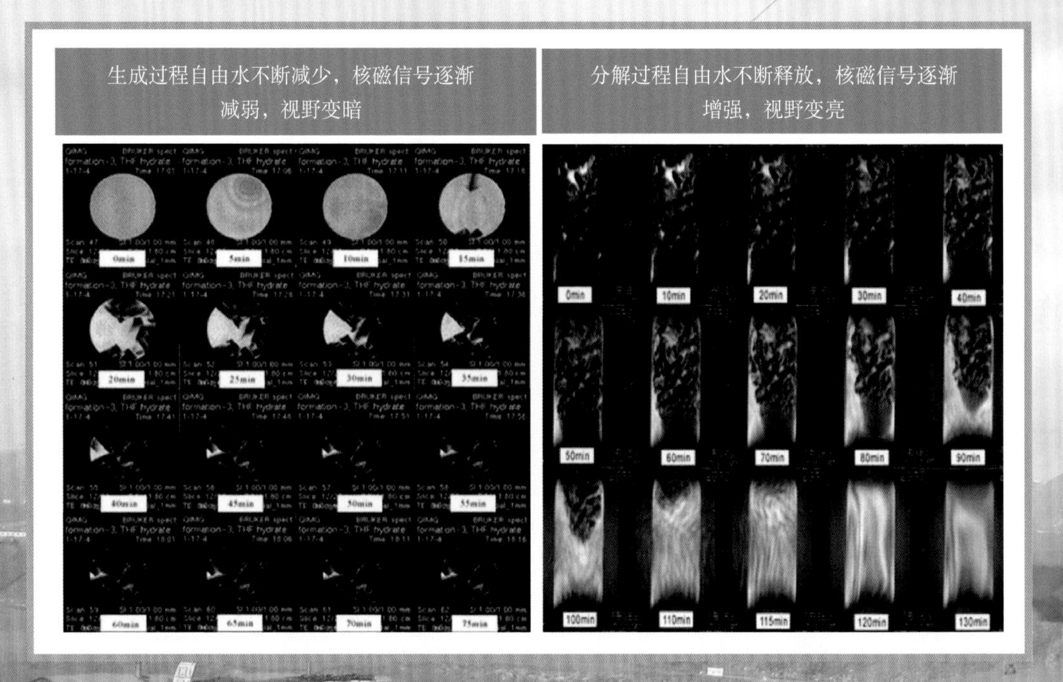

31. 可燃冰有哪些检测技术？

可燃冰是在低温、高压条件下由烃类气体分子与水分子形成的笼型结晶状物质，包容着数目不等的水分子和气体分子，是一种新矿种。

按技术手段分，可燃冰检测技术与方法主要分为五种，分别是：（1）晶体学分析：利用X射线衍射法测定晶胞参数与空间群，判别可燃冰的结构类型；（2）谱学分析：利用激光拉曼光谱、固体核磁共振技术获得可燃冰客体分子种类及笼占有率、水合指数等参数，利用核磁共振成像技术实现可燃冰生成/分解微观过程的直接观测；（3）形态学分析：采用X-CT技术实现沉积物中可燃冰微观赋存状态的原位观测，采用低温扫描电镜观测可燃冰表面形态；（4）热学分析：采用高压差示扫描量热仪可在线测量可燃冰生成/分解的相变热；（5）地化分析：包括可燃冰样品的气体收集、气体成分与同位素组成的测定等，可用于可燃冰样品的气体组成、气源与结构信息研究。

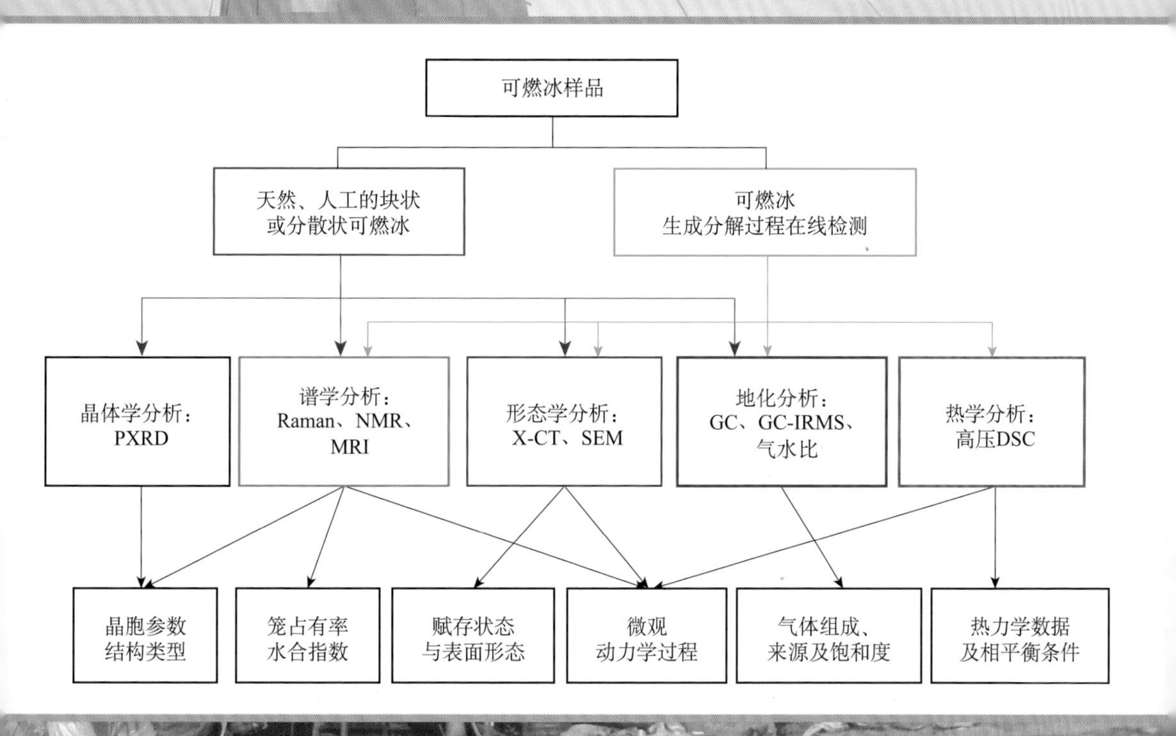

BLUEWHALE I

四、可燃冰勘探技术

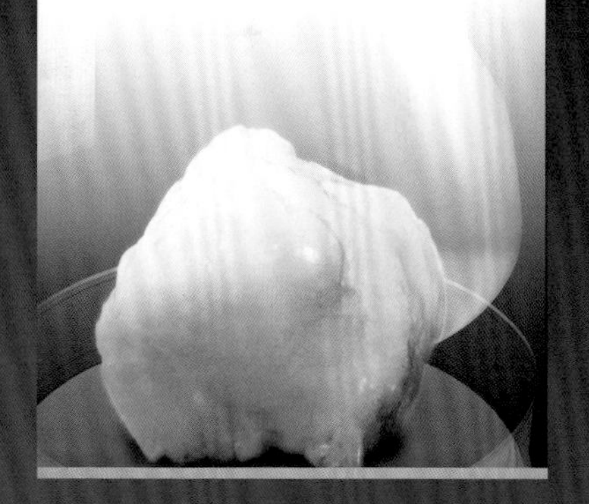

冻土海底藏行踪，
外观内涵各不同。
岂无蛛丝与马迹？
探测技术显神通。

32. 如何确定可燃冰在地层中的饱和度?

可燃冰主要储存于地层的孔隙中，然而，并非所有的孔隙都含有可燃冰，也就是说，有些孔隙中填充的是水或气体，而不是可燃冰。因此，在单位体积的地层中，占据可燃冰的孔隙体积与地层的总孔隙体积的比值，就是该地层中的可燃冰的饱和度，用来表示地层中可燃冰含量的多少。如果可燃冰饱和度为零，说明地层中没有可燃冰；如果可燃冰饱和度为百分之百，说明地层孔隙中充满可燃冰。在我国南海北部神狐海域含有可燃冰的地层中，可燃冰饱和度通常为20%～40%。

如何确定地层中可燃冰的饱和度？目前主要有电阻率法、孔隙水氯离子浓度法和声波法等。我们知道，可燃冰的电阻率明显高于海水的电阻率，电阻率法正是根据地层电阻异常值的高低来确定可燃冰饱和度的；另外可燃冰的生成是一个排盐过程，消耗纯水，留下各种盐离子，这使孔隙水中氯离子浓度升高，因此可根据氯离子浓度异常值来确定可燃冰饱和度；再次，地层中的可燃冰饱和度越大，地层的强度越大，声波在地层中传播得越快，故根据地层声波速度异常值也可以估算地层中可燃冰的饱和度。

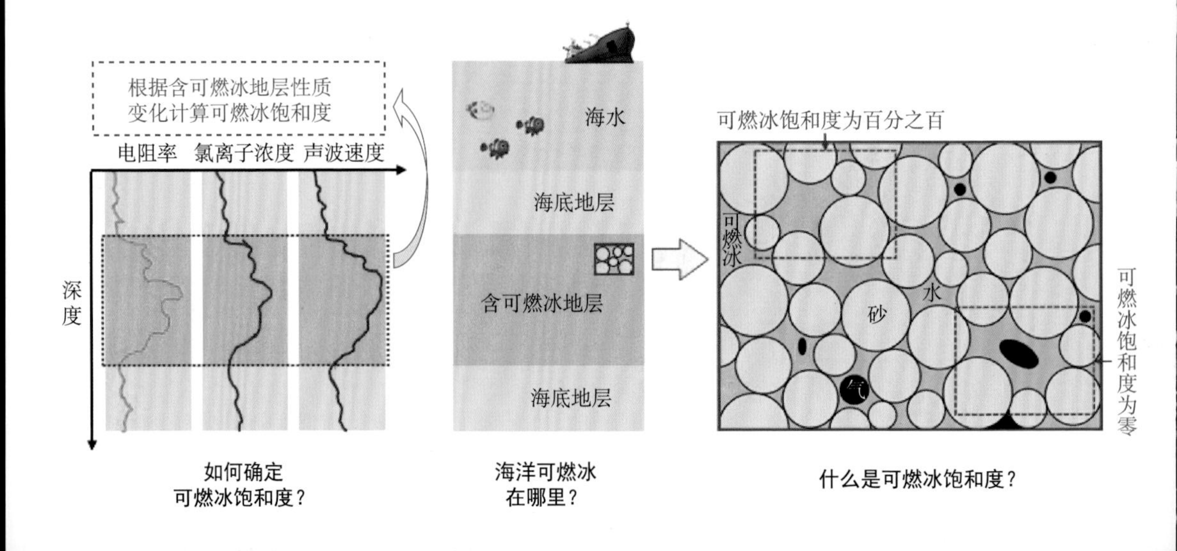

如何确定可燃冰饱和度？

海洋可燃冰在哪里？

什么是可燃冰饱和度？

33. 可燃冰是如何影响地层物理性质的?

可燃冰对地层某些物理性质的影响是非常显著的。比如，可燃冰饱和度越大，地层比热越小，即地层的温度越容易被改变；可燃冰饱和度越大，地层渗透性越差，即气体和水在地层中的渗流阻力越大；可燃冰饱和度越大，地层电阻率越大，地层的导电能力越差；可燃冰饱和度越大，地层密度和强度越大，声波在地层中传播得越快；可燃冰饱和度越大，地层变得更牢固，其承载力更大。

然而，在可燃冰饱和度相同的前提下，不同赋存形式的可燃冰对地层物理性质的影响程度是不同的。在地层孔隙中的可燃冰，主要以悬浮或黏附在颗粒表面两种形态存在，前者对地层渗透性的削减显著；后者起到了黏合地层土体骨架颗粒的作用，即可燃冰像胶水一样把地层颗粒“黏”在了一起，显著地提升了地层的强度。

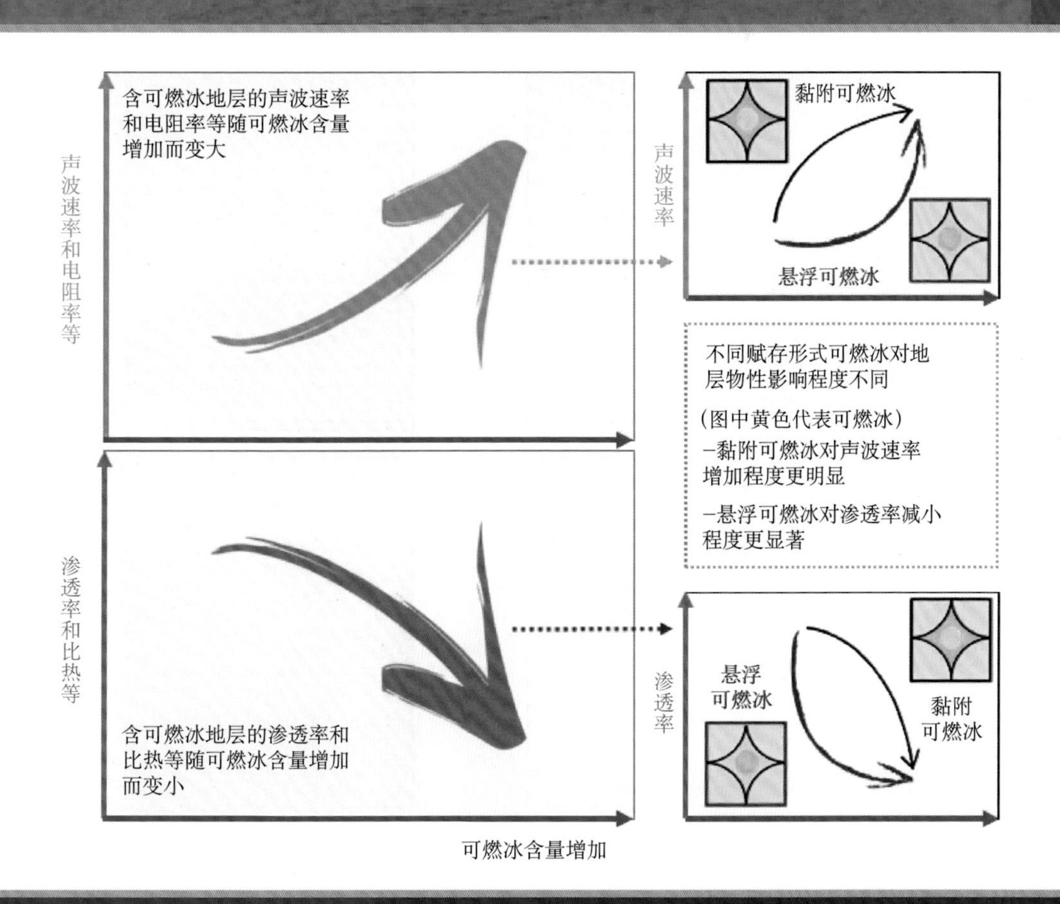

34. 海洋可燃冰常用的勘探设备与技术有哪些?

目前，海洋可燃冰的勘探技术主要有地震勘探技术、电磁勘探技术、地球化学勘探技术、微生物勘探技术以及微地貌勘探技术等。每种勘探技术各有利弊。在寻找可燃冰时，通常联合使用多种勘探技术，多角度印证、相互补充。常用的可燃冰勘探设备主要有浅层剖面系统、单道地震测量系统、多波束测量系统、海底摄像系统和旁侧声呐系统等，其用途也不尽相同。

浅层剖面系统可以精确揭示海底地形和海底以下约40米以内的断裂、滑塌和浅层气等地层特征，可以得到浅部地层结构图像。单道地震测量能够提供精确的可燃冰地层的地震构造图像。多波束测量可对海底进行无遗漏、全覆盖的测量，除了提供更丰富的水深数据外，还可以将海底地形变化用三维立体图像直观地表现出来，是目前测量海底地形最先进的手段之一。海底摄像系统可以观测海底麻坑、气泡羽状流和贝类等可能与可燃冰赋存有关的地貌标志与生物特征。旁侧声呐发射低频率声波扫描海底，利用反射声波的强度和传播时间获得海底声学图像，分辨率高，测量精度高，是探测海底断层、麻坑和泥火山等地质结构形貌的常用手段，也是探测海底气体泄露的有力工具。

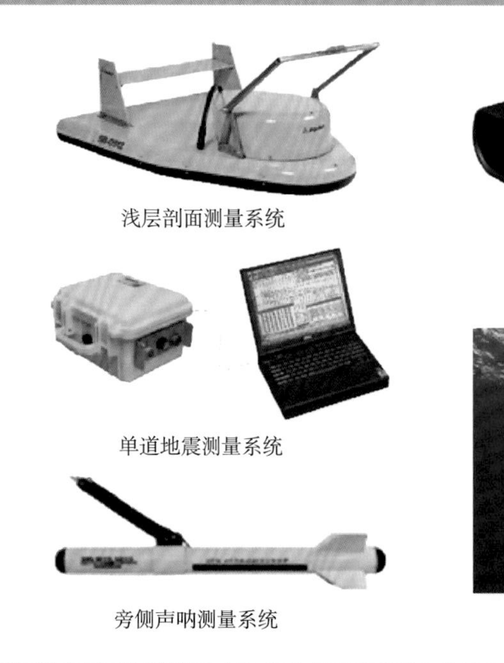

浅层剖面测量系统

单道地震测量系统

旁侧声呐测量系统

多波速测量系统

海底摄像系统

35. 海洋可燃冰地震勘探技术有哪些不足？

海洋可燃冰的地震勘探技术主要分为单道和多道地震技术，是目前海洋可燃冰勘探最为常用的方法，在寻找海洋可燃冰中发挥着重要的作用。

地震勘探技术是通过检索地层声波异常来识别目标矿种，其数据采集不以浅层成像为目的，主要用于地层中深部矿产能源勘探。因此，该技术存在频率低和面元大等缺点。由于海底可燃冰埋藏浅，通常仅几百米，这就要求该技术必须向高频率和小面元方向发展。地震勘探技术主要依赖似海底反射面，通常可燃冰地层有下覆游离气层，这样就很容易通过观测到似海底反射面来判断可燃冰的存在。然而，似海底反射面在地震资料解释中具有多解性，仅仅依靠似海底反射面不能完全确定地层中一定含有可燃冰。此外，地震勘探技术对于低饱和度、悬浮于地层孔隙中的可燃冰不敏感，导致该技术估算的可燃冰含量与其实际含量存在较大差别。随着科技的进步，新发展的高分辨地震、深拖多道地震探测方法，将在浅层垂向和横向分辨率提升等方面有着较好的表现，可弥补地震勘探技术的不足。

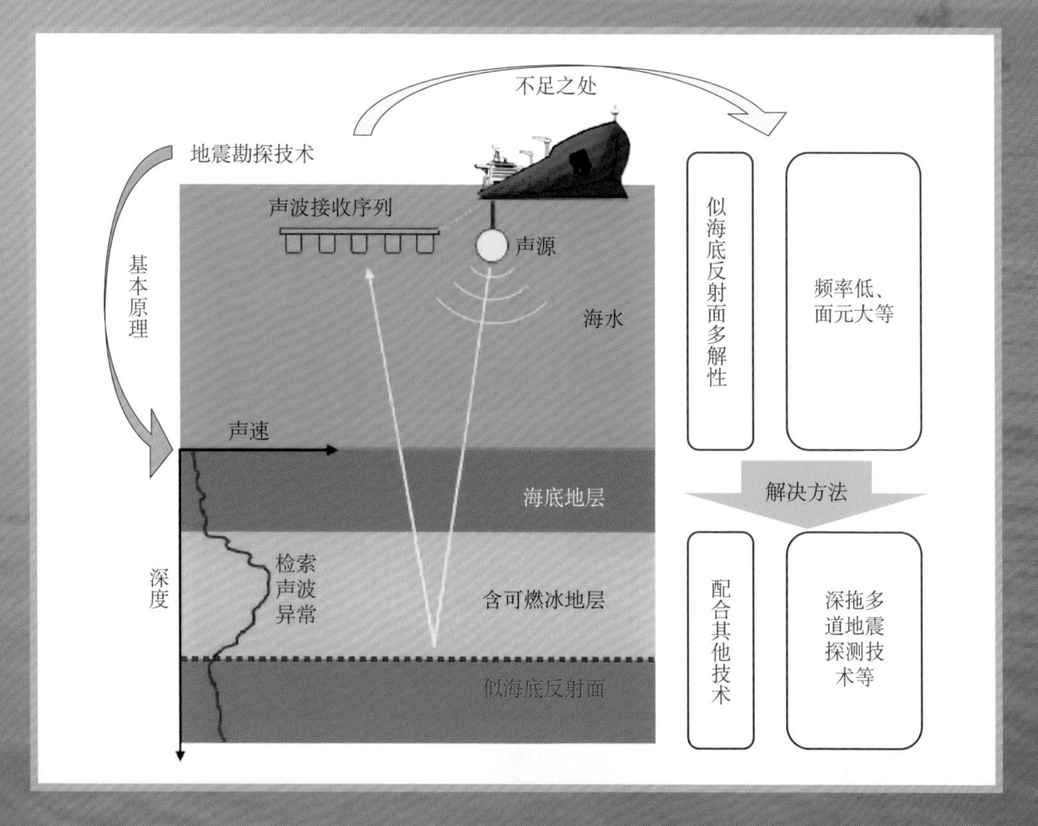

36. 海洋可燃冰与 BSR 有何关系?

似海底反射面的英文表述为 Bottom Simulating Reflector，简称为 BSR，是海洋可燃冰存在的一个重要地震剖面特征，它代表可燃冰稳定带的基底。一般来说，可燃冰稳定带之下地层中通常含有一个游离气体层，可能还存在一定量的水。由于地震波在气体和水中的传播速率较低，这样，地震波在可燃冰稳定带和其下的地层中传播速率出现明显差异，形成了一个较强的波阻抗反射面，这个面就是通常所称的 BSR。

由于 BSR 在一定海域内通常出现在大致相同的深度，故其基本上与海底面平行。BSR 与可燃冰有着密切的联系，随水深、地温梯度的变化而变化，是识别可燃冰的典型地震反射标志。然而，值得强调的是，BSR 与可燃冰并不是一一对应的关系，即海底存在 BSR 的地层并不代表一定存在可燃冰，因为当海底地层存在含游离气地层时，该地层与其上覆地层之间也存在一个密度不连续面，这个面在地震剖面中也会反映为一个似海底反射面。

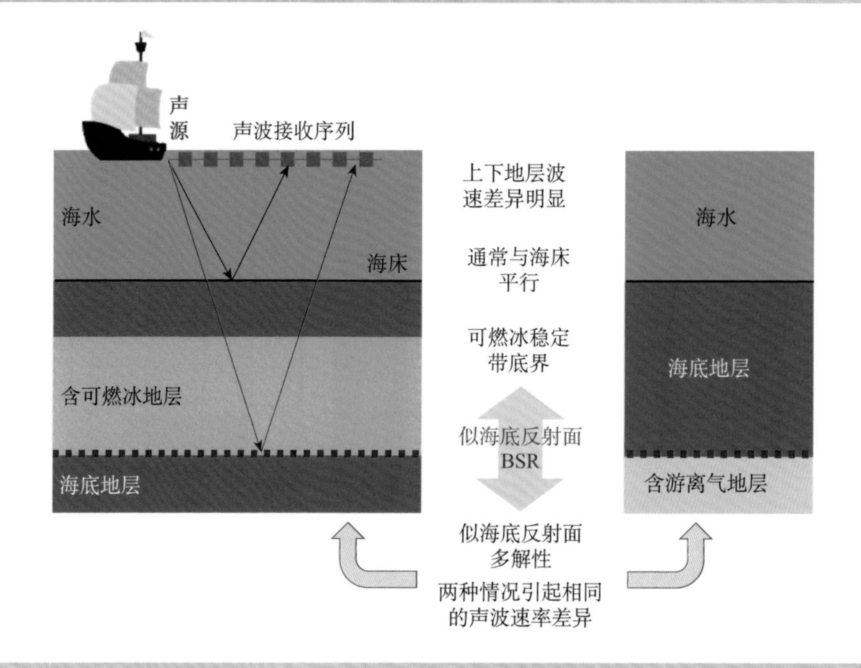

37. 什么是海洋可燃冰电磁探测技术？

可燃冰是一种绝缘物质，与地层孔隙中的海水相比，它具有很高的电阻率。因此，含可燃冰地层的电阻率通常明显高于不含可燃冰地层的电阻率，表现出显著的电阻率异常高。海洋可燃冰的电磁探测技术就是依据电阻率数据，计算地层中可燃冰饱和度，能够较好地辅助地震勘探技术，有效地提高寻找可燃冰的成功率。

常见的海洋可燃冰电磁探测技术有海底可控源电磁法（CSEM）和海底瞬变电磁法（TEM）等。一套海底可控源电磁法的仪器设备通常包括一个信号发射器、多个电磁接收器、电缆和作业船。其中，信号发射器可分为时间域和频率域两种类型，前者能够较好地减小空气的影响，适合于陆地与浅海勘探；后者的单一频率信号能够获得更好的信噪比和更长的收发距离，适合海洋勘探。目前，可燃冰的可控源电磁探测技术正朝着使用更高频率信号、采用更短收发距离及安装灵敏浅层信号接收器等方向发展，使其更适用于海底浅层探测。我国科学家已经成功地将可控源电磁探测技术应用于海域可燃冰的勘探工作中，取得了理想的效果。

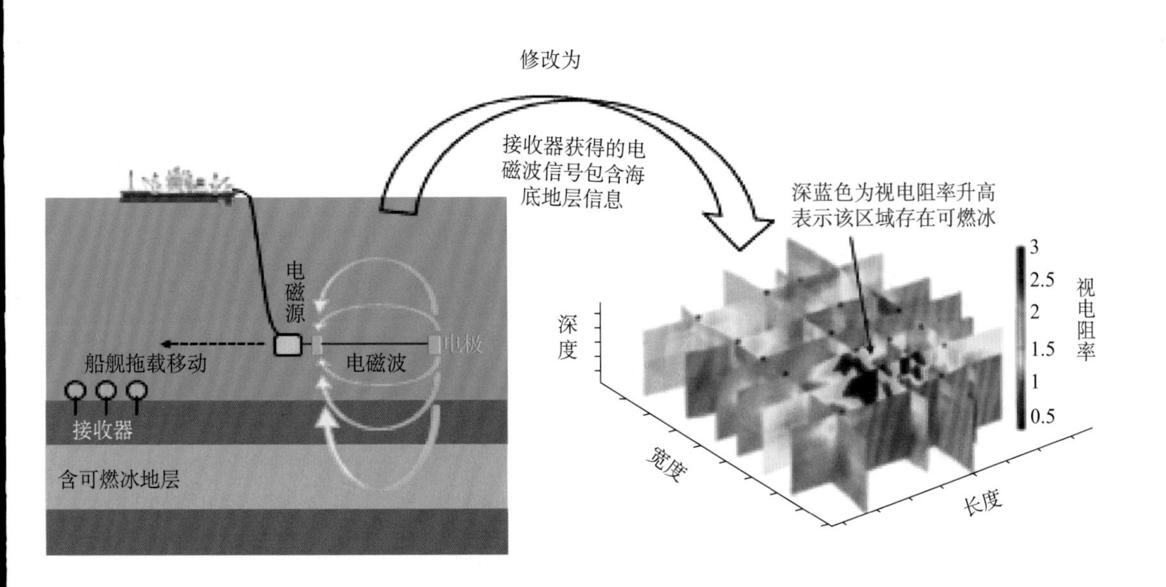

38. 海底存在可燃冰的地球化学标志有哪些？

当海底存在可燃冰时，在浅表层往往伴随着沉积物孔隙水中甲烷含量、离子浓度异常等现象，同时还存在一些自生碳酸盐矿物，这些都是重要的地球化学标志。

海底地层中甲烷含量通常很低，而在含可燃冰的地层中，孔隙中甲烷含量一般会明显升高。如果能探测到明显的甲烷含量异常升高，很大程度上意味着可燃冰的存在。

海底地层孔隙水中的硫酸根离子在微生物的作用下被消耗，硫酸根离子浓度随着深度增加而降低，这个区域被称作硫酸根还原带。硫酸根还原带下覆地层中的微生物消耗二氧化碳而生成甲烷，甲烷浓度随着深度增加而升高，这个区域被称作甲烷生成带。上述两个区域的交界面就是硫酸根—甲烷交界面，简称 SMI。探测到明显的 SMI 深度变浅异常，往往意味着其下部地层中存在可燃冰。

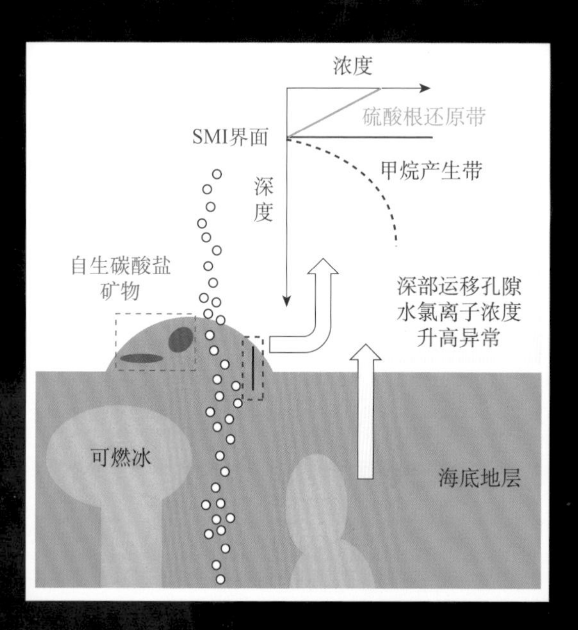

可燃冰在生成过程中仅仅吸收海水中的水，而将海水中的氯离子排出，导致含可燃冰地层孔隙水中氯离子浓度增加。可以想象，从含可燃冰地层运移到浅表层的孔隙水具有明显的氯离子浓度异常升高，这也是存在可燃冰的地球化学标志之一。

自生碳酸盐矿物与可燃冰的生成有着密切的联系，它通常具有丰富的形态和美丽的颜色，也是一种指示可燃冰的标志。

39. 海底存在可燃冰的生物标志物有哪些?

在海洋可燃冰分布的地层环境中，生存了种类繁多和功能各异的大量生物。有些生物通过消耗二氧化碳等方式产生甲烷，为可燃冰的存在提供了有利的气源条件；有些生物又能够分解甲烷，避免可燃冰分解产生的气体大量逸入大气。此外，甲烷泄露相当于深海中的“绿洲”，在贫瘠的深海中供养着丰富的生物群落。与海底可燃冰关系密切的共存生物标志物主要有细菌微生物、软体管虫、冰虫、贻贝、蛏螂、无齿蛤、海石蟹、雪蟹、深海虾和深海蜗牛等。在海床上找到大量的上述生物群落，通常表明其下部地层可能蕴藏可燃冰。

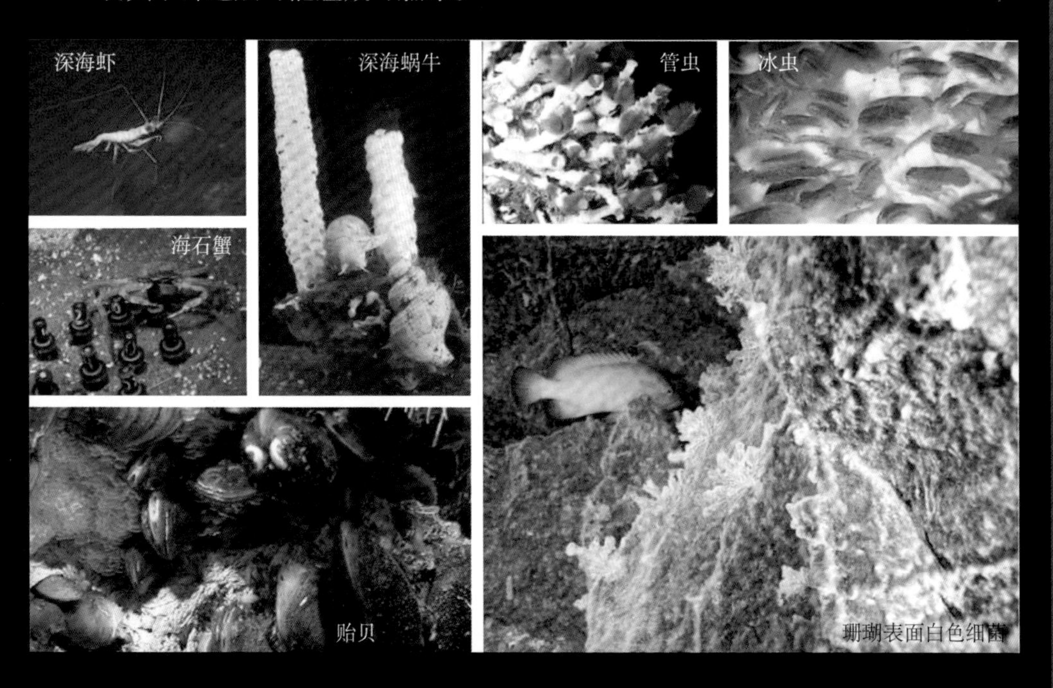

40. 可燃冰与海底地质构造有何关系？

泥底辟、断层和断裂是主要的海底地质构造类型。泥底辟由海底密度较小的高塑性低黏度物质向上流动而形成，这些流动的物质主要有岩盐、石膏和泥岩等。断层和断裂都是岩层受地应力作用发生显著相对位移的构造，地层的连续性和完整性遭受破坏。大规模的断层沿长度能够延续数千千米，向深处可切穿地壳，形成断裂带；小规模的断层仅有几个厘米长，也被称作裂缝。

不管是泥底辟，还是断层和断裂，都是连通海底深部地层和浅表层的地质构造，为海底深部甲烷等各种气体提供了向上运移的理想通道。如果深部甲烷气体在向上运移的过程中途经温度和压力合适的区域，可燃冰将会在地层孔隙以及裂隙中生成，源源不断的深部气源促使可燃冰大量生成，也就形成了含可燃冰地层。如果深部气体因地质活动而温度升高，甚至是地质构造发生变化，可能会造成地层中可燃冰分解，在海床表面形成大量的甲烷气泡。

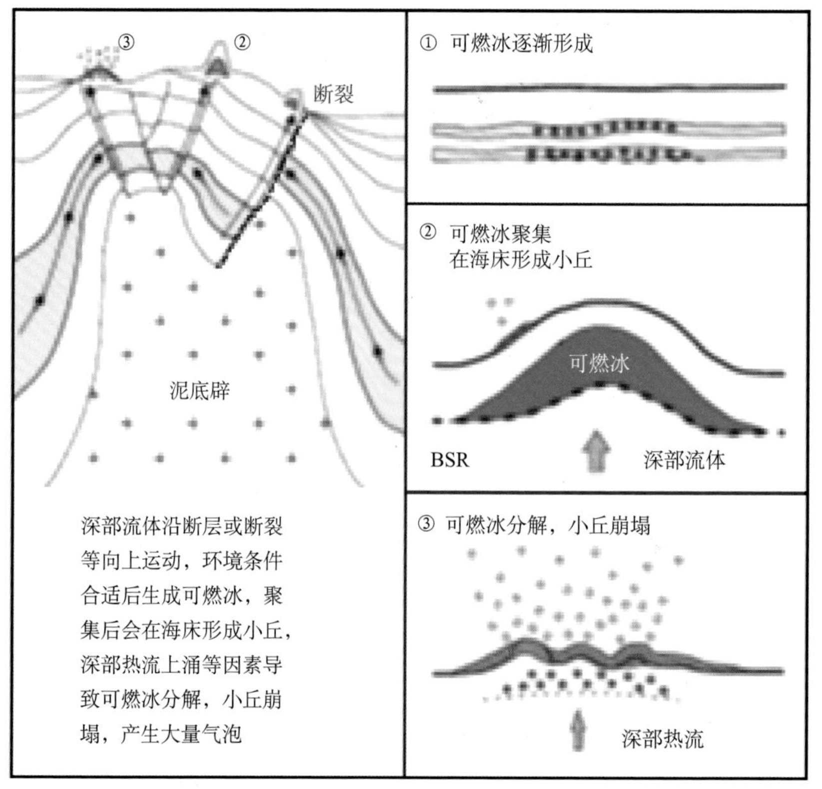

（根据 Christophe Serié 等，2012，GEOLOGY 期刊论文（10.1130/G32690.1）图 4 改摘）

综上所述，海底地质构造发育为可燃冰的气源运移提供了良好的地质条件，在这些泥底辟、断层和断裂的区域往往存在着可燃冰，具体判断还需要综合考虑地层温度和压力条件、深部气源以及浅层地质储存条件等因素。

41. 海底冷泉是怎样形成的？如何探测？

海底冷泉是指海底深部气体以喷涌或渗漏的方式进入海洋的地质现象，它通常在海水中形成气泡羽状流，伴生完整的生物群落以及奇形怪状的自生矿物。冷泉其实并不冷，它的温度略高于周围海水的温度。冷泉不断排出的大量气体很有可能是可燃冰分解的产物，它与海底可燃冰有着密切的联系。

声学探测技术常用来探测海底冷泉，主要是寻找气泡羽状流与海底气烟囱。由于气泡的密度明显小于海水和地层的密度，气泡羽状流和海底气烟囱在声波探测信号中有明显的响应。由于气泡在发生共振的时候最容易被探测到，声学技术通过扫频探测气体以提升效果，选择合适的工作频率是声学探测海底冷泉的关键所在。

海底视频录像是另外一种探测海底冷泉的有效手段。由于海底冷泉伴生气泡羽状流和完整生物群落等特征，可以采用潜水器搭载的视频摄像系统直接进行观测。联合使用声学方法和视频录像方法，能够获得大量的直观图像，有利于提高寻找海底冷泉的准确度。比如，南海“海马”冷泉正是由我国“海马”号潜水器搭载的视频摄像系统发现的，为该区域后续的可燃冰勘探工作奠定了坚实的基础。

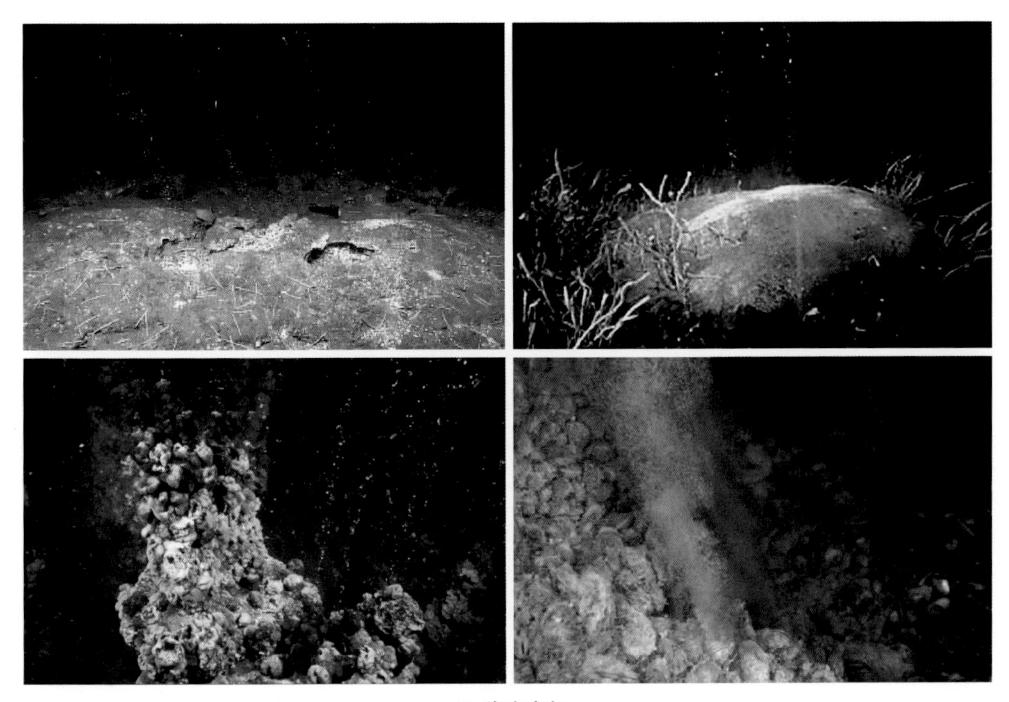

◆ 海底冷泉

42. 海底“泥火山”与可燃冰有什么联系？

泥火山，顾名思义，是由泥构成的火山，它与通常意义上的火山不同。其中，泥通常由黏土、岩屑、盐粉等构成。泥火山不仅形状像火山，具有喷出口，还有喷发现象。圆锥形海底泥火山的顶部是漏斗状火山口，具有通向深部的管孔，可以涌出泥质黏土以及水气混合物，它的形成与深部烃类流体的溢出有关。科学家发现，在里海、黑海、挪威海、地中海、尼日利亚近海和墨西哥湾中，存在可燃冰的海域普遍存在着大量的泥火山。这说明泥火山与可燃冰存在着密切的联系，它通常被认为是存在可燃冰的活证据。

通过泥火山内部管孔，深部地层的高温流体进入浅部地层，导致泥火山管孔周围地层的温度升高，造成泥火山附近温度场呈中心高而外围低的环带状。因此，当泥火山内部管孔贯穿可燃冰地层时，必然引起可燃冰的分解，进而在海床上表现为持续不断的气泡上浮，即气泡羽状流现象。同时，大量的天然气等烃类流体通过泥火山管孔向上运移，这些烃类流体在地质作用下向泥火山周围的地层不断扩散，为可燃冰的发育提供气体来源，是可燃冰储藏十分有利的物源条件。

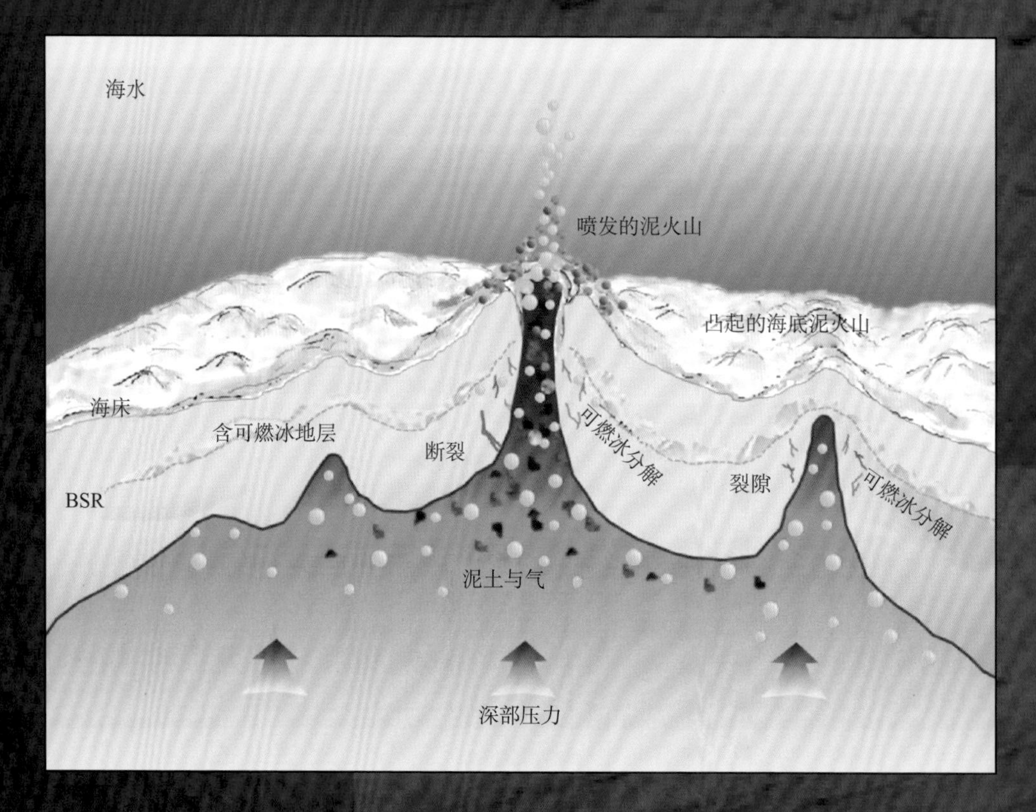

43. 海底“麻坑”与可燃冰有何关系?

海底深部地层蕴含着丰富的甲烷等碳氢化合物流体，它沿着断裂等竖向通道向上渗流并喷溢出海底，在海床上形成各式各样的凹陷，被形象地称为“麻坑”。海底麻坑的形状丰富多样，以圆形的和椭圆形的形状最为常见，其直径达到数百米甚至上千米，深度可达几十米。在海底三维地形图中，海底麻坑看上去就像一串串踩进海底的动物足迹。海底麻坑有的相对独立，有的以群落出现，即一个大型麻坑周围分布着大量的中型麻坑和小型麻坑。在海底麻坑构造附近还存在多孔的碳酸盐岩，既增加了贻贝类等海洋生物的可附着面积，又为鳕鱼等提供了理想的“避难所”。

海底麻坑发育意味着该区域的深部气体向上运移活跃，为可燃冰的形成提供了有利的气源条件，也可能本身就是下部可燃冰分解释放的气体所致。在寻找海洋可燃冰的过程中，科学家发现海底麻坑构造与可燃冰赋存之间存在着密切的联系。比如，北欧挪威大陆边缘东南部存在大量的海底麻坑构造，科学家在其附近取得了丰富的可燃冰实物样品；非洲尼日尔三角洲等地的海底麻坑构造也被证明与可燃冰的赋存关系密切。

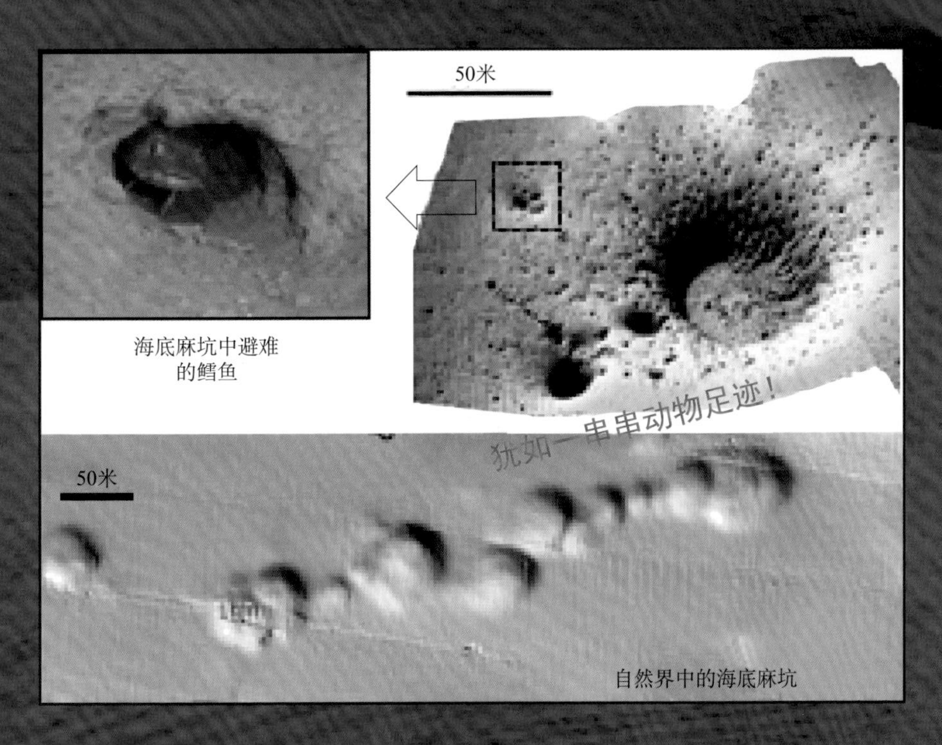

海底麻坑中避难的鳕鱼

自然界中的海底麻坑

44. “ROV”和“AUV”在寻找可燃冰中有何应用?

“ROV”是有缆水下机器人，习惯称为遥控式潜水器；“AUV”是无缆水下机器人，习惯称为自主式潜水器。

ROV适用于海底取样和环境处理等精细化操作任务，通常配置有摄像头和光源，常被用来探测海底冷泉以获得大量的图像与视频。海底冷泉泄露出的甲烷等物质，是其附近深海生物群落的养分来源，同时指示其深部地层具备丰富的气源条件，通常蕴藏着大量的可燃冰。因此，采用ROV直观地寻找到海底冷泉生物群落，就意味着找到了可燃冰富集区域，甚至能够直接观测到近乎裸露在海床的块状可燃冰。2015年，海马号ROV在南海海域首次发现了巨型的活动性冷泉，并在其海底浅表层获取了可燃冰样品。

AUV适用于高分辨地图和海水离子含量等测量工作，它在工作过程中无需船上人员的全程操作，大大提升了海洋调查效率，常被用来监测目标区域内海水地球化学以及生物环境异常。我们知道，甲烷气体泄露进入海水之后，在细菌微生物的作用下将引起海水化学成分的变化。因此，监测海水地球化学性质的变化能够指示海底甲烷气体的泄露情况，而这些泄露的甲烷很有可能就来自其下部地层中可燃冰的分解。此外，在可燃冰开采过程中采用AUV监测海水与生物变化，能够提供环境安全方面的第一手资料。因此，AUV在海洋可燃冰的勘探与开采工作中均发挥着积极的作用。

美国MBARI公司的ROV

美国MBARI公司的AUV

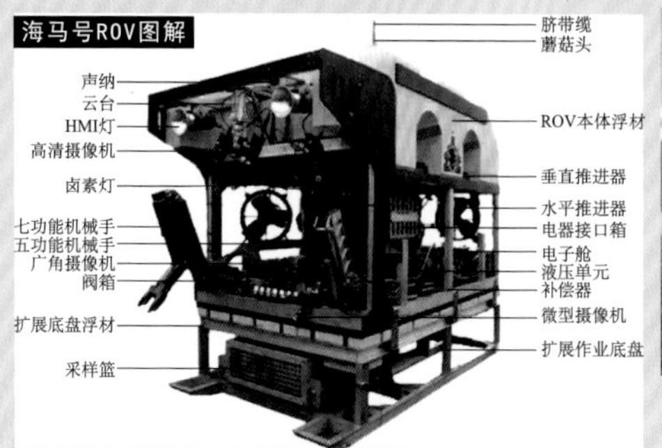

我国海马号ROV

45. 如何从测井参数变化中识别可燃冰？

可燃冰钻探过程中的测井方法多种多样，大致可以分为以下几种：声学类测井、电学类测井、密度类测井（如常规密度测井、中子孔隙度测井、核磁共振测井）以及伽马测井和井径测井方法等。其中，声波测井和电阻率测井是识别可燃冰的常用方法。

声波测井分为声波速度测井、声波幅度测井和声波全波列测井等。其中，声波速度测井是声波测井中应用最广泛的测井方法，在识别可燃冰的过程中发挥着重要的作用。声波速度测井，又叫声波时差测井，通过测量声波纵波在单位长度的地层中的传播时间来估算地层孔隙度等。由于可燃冰的存在能够使其地层中的声波纵波传播更快，即声波速度增大而声波时差减小，因而能够基于声波速度测井资料准确识别可燃冰。

电阻率测井是一种通过向被测地层供电并测量其电阻率等参数的方法，主要包括普通电阻率测井、侧向测井和感应测井等。地层的导电能力主要取决于地层中水的含量与性质。一般情况下，地层的含水量越高，其导电能力越强，对应的电阻率越小。我们知道，可燃冰的电阻率远大于孔隙水的电阻率，当地层中的水全部或者部分被可燃冰所取代时，必然导致其地层电阻率增大，对应的导电性能变弱。因此，电阻率测井能够通过地层电阻率的变化来识别可燃冰。

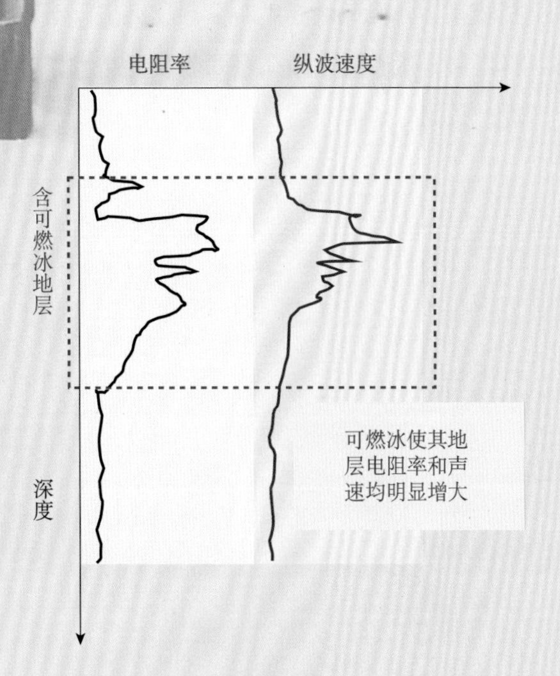

46. 可燃冰是如何从海底取出而保持不变的？

由于海底可燃冰是在较高的压力和较低温度条件下存在的，要想将可燃冰从海底取出而保持不变，就需要保持其原有的压力与温度条件。保压取芯技术可以提供合适的温、压条件，保证可燃冰从海底取出过程中保持不变。

针对保压取芯技术，国际上研发了十几种保压取芯器。比如，深海钻探计划（DSDP）研发的 PCB 保压取芯器，大洋钻探计划（ODP）研发的 PCS 保压取芯器，日本 JOGMEC 公司的 PTCS 保压取芯器，荷兰辉固集团的 FPC 保压取芯器，英国 GEOTEK 公司研制的 PCTB 保压取芯器，德国克劳斯塔尔工业大学研制的 SUCO 保压取芯器，德国 Corsyde 公司研制的 MDP 保压取芯器以及美国 Aumann 公司的 HPTC 和 Hybrid PCS 保压取芯器等。

在保压取芯器进入取样层位之前，首先将贮压器内压力升高到取样层位原位孔隙压力的四分之三左右，通过冲击、重力活塞和旋转等方法使保压取芯器进入取样层位，然后通过钻孔将回收装置送入岩芯底部，施加一定压力将岩芯推入保压内筒，关闭球阀即完成了保压取芯工作。保压取芯获得的可燃冰样品被提升至海面调查船后，搭配后续的保压测试系统对其物理、化学等性质进行测量，也可以处理与保存后运送至陆地上室内实验室，开展进一步的实验测试与科学研究工作。

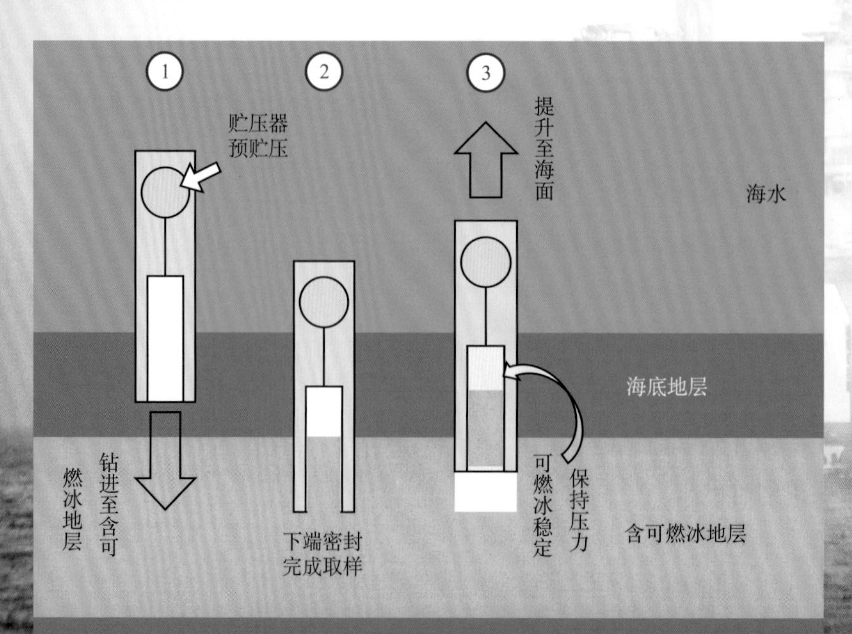

47. 我国已经在南海开展了几次可燃冰钻探航次?

截至 2017 年，我国在南海北部陆坡区域共开展了四次可燃冰钻探，分别是 2007 年的 GMGS1 航次，2013 年的 GMGS2 航次，2015 年的 GMGS3 航次，以及 2016 年的 GMGS4 航次。

GMGS1 航次对南海北部神狐海域的 8 个井位进行了钻探，对其中的 5 个井位开展了综合性的测井、取芯和船上测试等工作，首次获取了海域可燃冰实物样品，其分解产生的气体主要是甲烷。GMGS2 航次的目标在于精确评价南海北部珠江口盆地的可燃冰含量与分布，该航次对 13 个井位进行了钻探测井，对其中的 5 个井位进行了取芯，获得了丰富的可燃冰实物样品。GMGS3 航次旨在更为深入地认识南海北部陆坡的可燃冰情况，该航次对 16 个井位进行了钻探测井，对其中的 4 个井位进行了取芯，以便进行后续的原位样品测试与分析，推断所有井位均存在可燃冰。GMGS4 航次在南海北部西沙海域和神狐海域均进行了可燃冰钻探测井工作，获得了大量的可燃冰实物样品，对可燃冰样品渗透率和力学强度进行了测量，为 2017 年可燃冰试采工程设计提供了有力的支撑。

五、

可燃冰开采技术

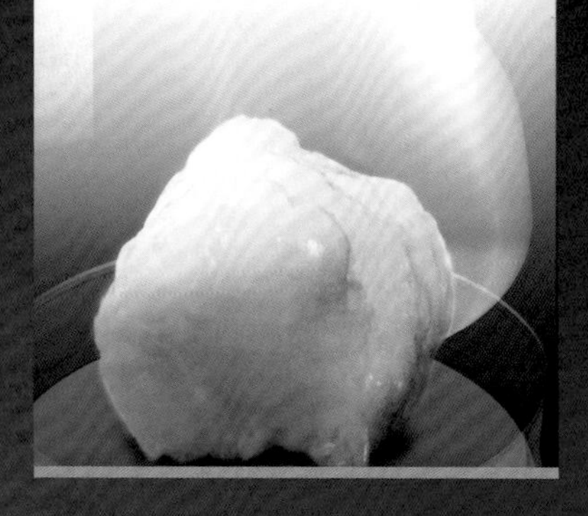

找到冰藏是前提，
开采利用靠科技。
各类技术多试验，
减压还需热刺激。

48. 可燃冰开采方法的基本原理是什么?

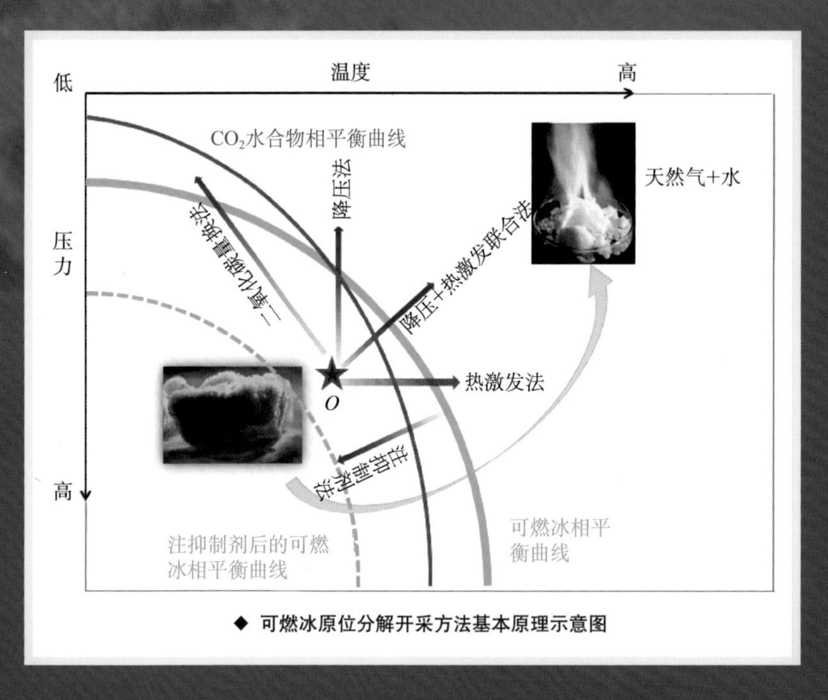

◆ 可燃冰原位分解开采方法基本原理示意图

我们知道，在一定的温度、压力条件下，可燃冰是以固态形式存在于地层中的，在没有外界干扰条件下保持相对稳定。那我们是否可以像挖煤一样，直接将其挖掘到地面呢？在当前技术条件下，答案是否定的。因为采用“挖煤式采掘”可燃冰主要存在两个问题：（1）可燃冰通常存在于沉积物的孔隙中，在地层中含量较低，如果为了采掘可燃冰而把大量的沉积物都挖出来，就会对海底环境造成巨大的破坏；（2）在整个采掘过程中无法保证可燃冰处于稳定状态，由于温、压条件的改变会造成可燃冰分解，带来极大的工程、地质风险。

目前，大家公认的可燃冰开采方法是原位分解法。即通过外力改变可燃冰稳定条件而使其在地层原位分解，生成可流动的气体和水，然后采用类似于石油或天然气的开采方法，将这些流体开采到地面上。因此，可燃冰开采的前提条件是将其在地层原位分解，即破坏可燃冰稳定存在的相平衡条件，这也是可燃冰开采方法的基本原理。目前，人们主要采用降低压力、升高温度或者加一种化学物质的方法，来破坏可燃冰的相平衡条件，从而使可燃冰分解，达到开采的目的。与此相对应的，科学家们提出的可燃冰开采方案主要有降压法、热激发法、CO_2置换法、注化学剂法，以及这几种方法的改进或联合等。

49. 降压法开采可燃冰有哪些优缺点?

当温度不变时，压力降低到一定程度时，可燃冰发生分解，气体从笼子中逃逸出来，笼子也瓦解形成了自由水。降压法开采可燃冰就是利用了这个原理，即通过降低井筒内压力，使井筒周围地层的压力降低，使可燃冰发生分解，达到开采可燃冰的目的。

降压法在可燃冰开采过程中不需向地层额外增加能量，不需要连续激发，成本较低，方法简便易行，适用于大面积、尤其是海洋可燃冰的开采。目前，降压法开采可燃冰主要有两种降压方式：（1）针对可燃冰储层直接降压；（2）针对下覆游离气层降压。当可燃冰储层存在下覆游离气层时，可以先降低游离气层的压力，进而降低上部可燃冰储层的压力，达到开采可燃冰的目的，并能够避免直接对可燃冰储层降压带来的工程、地质风险。因此，降压法尤其适合于存在下覆游离气层的可燃冰开采。

但是，降压法开采可燃冰面临着提产困难的窘境，这是由于可燃冰以固态形式存在，导致了储层的渗透率极低，特别是泥质粉砂储层，而这种储层占全球可燃冰储层绝大多数，对分解后的流体迁移十分不利。而且，压力传导效率低，只有当靠近生产井的可燃冰分解之后，外围的可燃冰才能被逐渐分解。这就会导致开采成本升高，效率降低。

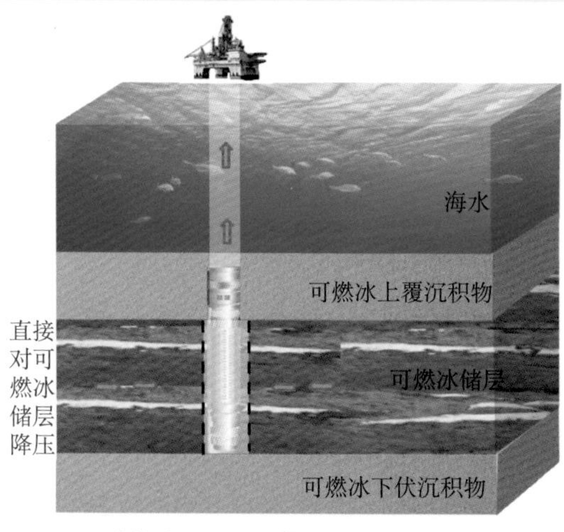

◆ 直接对可燃冰储层降压开采模式示意图

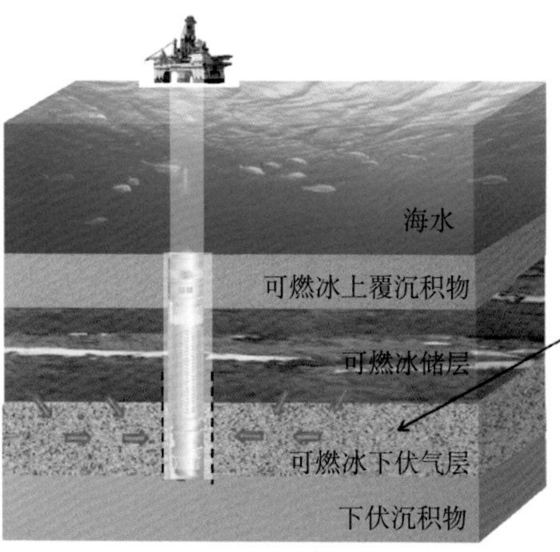

◆ 通过抽取下覆游离气间接降压开采可燃冰示意图

50. 热激法开采可燃冰有哪几种方法?

热激法顾名思义就是让可燃冰在原位受热，温度升高，促使可燃冰分解。热激法的前提是向可燃冰储层提供热源，目前采用的方法主要包括：注入热水、热蒸汽或者使用红外、电磁波等。这些手段均可以使可燃冰地层的温度升高，从而达到可燃冰分解的目的。

其中，最直接的办法当然是直接向可燃冰储层中注入热水或者热盐水，但这种方法存在较大的缺陷：因为海洋可燃冰所处的层位离海底通常几米到几百米，水深通常几百米到几千米，当热水流从开采平台上传输到可燃冰层位时，有非常多的热损失，热效率太低。为了减少热消耗，人们想到了一些替代加热法，比如电加热法。电加热法是通过在井底安装一个电磁加热元加热井筒，进而达到加热可燃冰储层的目的，可以避免通过井管传递引起的热损失，有效提高能量利用效率。

如果海洋可燃冰储层以下地层中恰好存在一个地热储层，那么可以利用深部热源加热，即打一口深井，将地热储层中的热水抽到可燃冰储层加热，从而开采出可燃冰。

此外，还有一种热激法的变种——原位燃烧。其基本思路是采用加入氧化剂的方法，促使可燃冰分解的甲烷在地层中燃烧，产能热量将其余的可燃冰分解。但是该方法存在的最大问题就是甲烷气体在原位燃烧的安全性，如果原位燃烧失控，将产生严重的安全隐患。

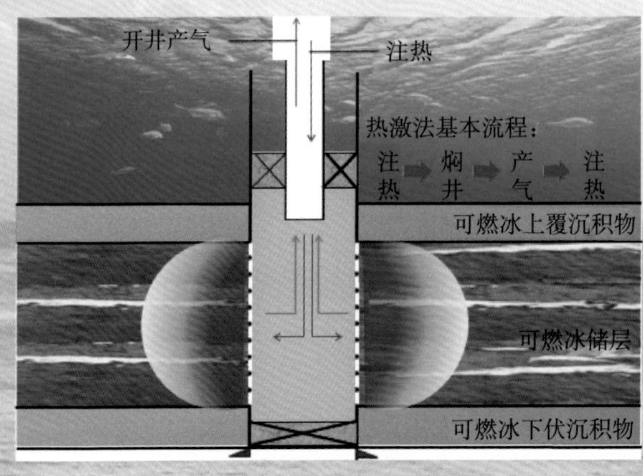

◆ 热激法开采可燃冰示意图

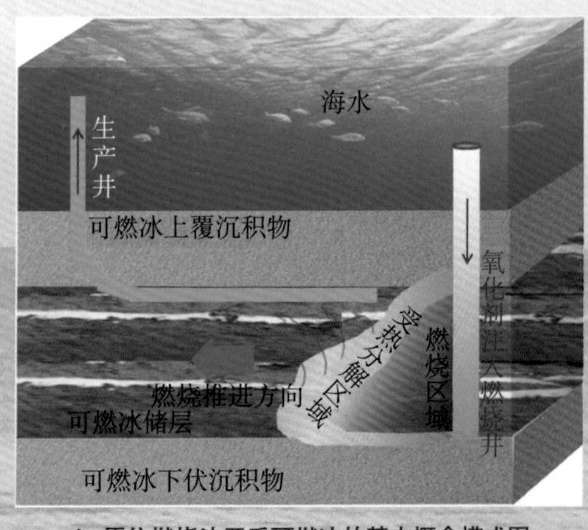

◆ 原位燃烧法开采可燃冰的基本概念模式图

51. 利用二氧化碳置换开采可燃冰的动机是什么？

二氧化碳能够在一定的温压条件下与水反应生成二氧化碳水合物，而且比甲烷生成的可燃冰更加稳定，这就意味着二氧化碳分子能够取代可燃冰中的甲烷分子。据此，有学者提出了利用二氧化碳置换开采可燃冰的方法，其基本思路为：向可燃冰储层中注入二氧化碳，使储层中原有的可燃冰笼型结构发生破坏，释放出甲烷气体，而二氧化碳分子进入原来的笼子里形成了固体二氧化碳水合物。这样，既埋存温室气体二氧化碳，又达到了开采可燃冰的目的。

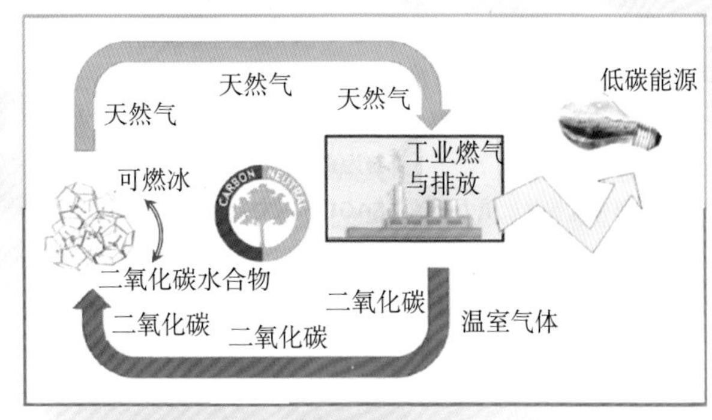

◆ 二氧化碳置换开采可燃冰的可持续方法

$$CO_2+CH_4\cdot nH_2O \longrightarrow CH_4+CO_2\cdot nH_2O$$

二氧化碳置换开采可燃冰的另一优势是：可燃冰分解产生的水重新与二氧化碳结合生成固体水合物，有助于保持海底的完整性，维持沉积物储层强度。

二氧化碳置换可燃冰笼子中的甲烷分子，在热力学上是可行的。二氧化碳水合物的生成过程是一个放热过程，其释放的热量为 57.98 千焦 / 摩尔，大于甲烷分解释放所吸收的热量 54.49 千焦 / 摩尔。然而，我们对二氧化碳置换机理尚未完全摸清，比如置换过程中水是如何传输或重新分配的？在置换过程之前可燃冰是否已经分解等。不可否认，如果技术取得突破，二氧化碳置换法的确是一个比较理想的循环开采方案。

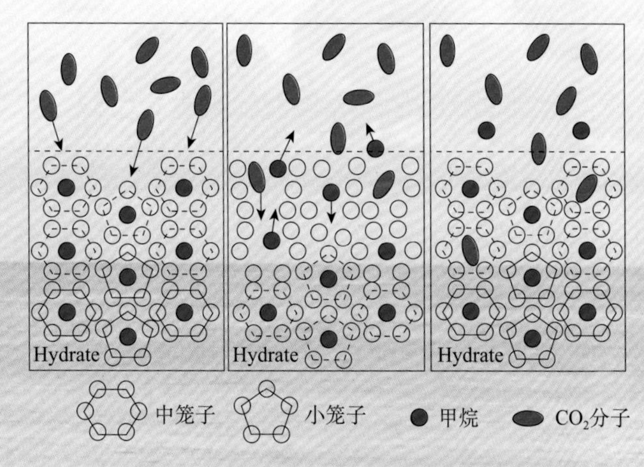

◆ 二氧化碳置换可燃冰中甲烷气体的微观机理示意图

52. 注抑制剂法开采可燃冰的适用性如何?

向可燃冰地层中注入一种化学试剂，破坏可燃冰稳定存在的温、压条件，使其发生分解，这种化学试剂称为抑制剂，这种开采可燃冰的方法称为注入抑制剂法。

目前常见的抑制剂是甲醇和乙二醇。乙二醇的优势是实用性强、毒性低，在抑制可燃冰分解方面性能优于甲醇。抑制剂溶液的浓度、温度，抑制剂加入速率及接触面积等是控制可燃冰分解速率的主要因素。另外，盐水（氯化钠）也具有抑制剂的功效，且在自然界内广泛存在。

然而，注入抑制剂法开采可燃冰的可行性和经济性均存在争议，这主要是由于加入化学试剂通常会对环境造成污染，不符合环保的要求。此外，该法的经济性不高，商业化前景不好。因此，迫切需要找到一种环境友好型的抑制剂，既能高效开采可燃冰，又能满足环保的要求。

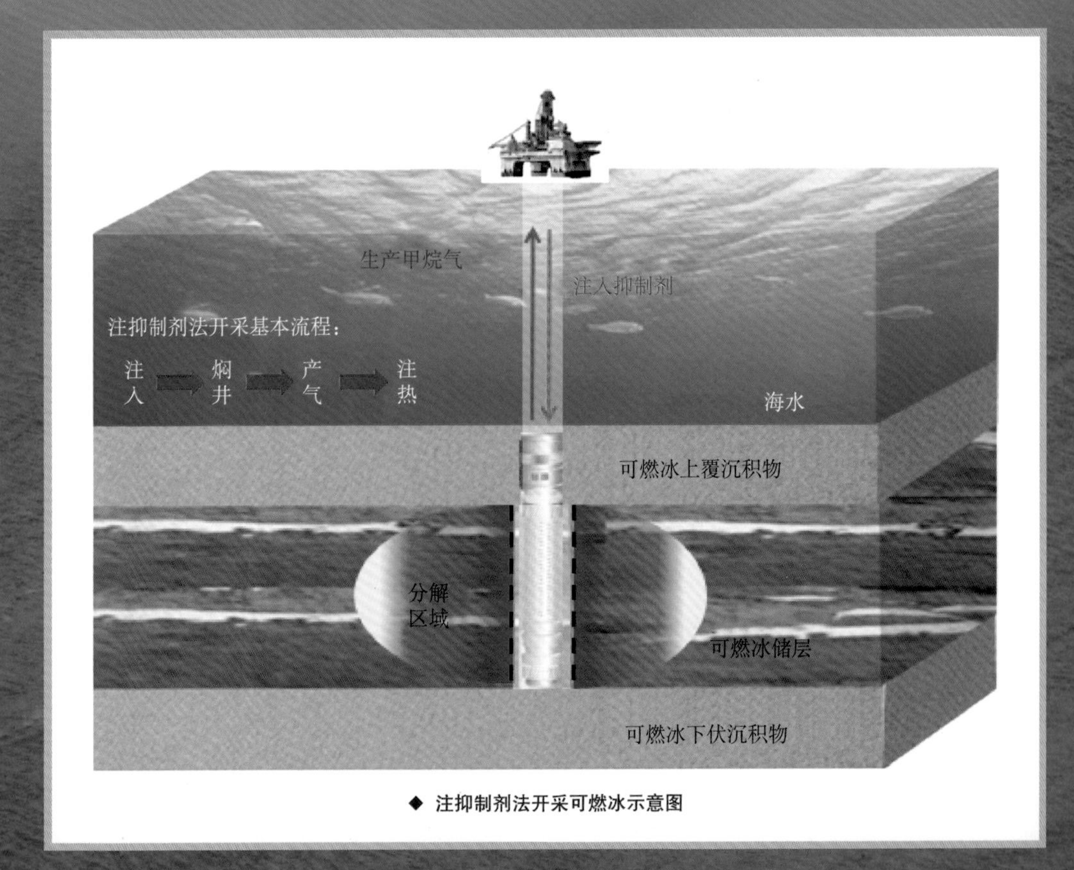

◆ 注抑制剂法开采可燃冰示意图

53. 微波刺激法开采可燃冰的依据是什么？

微波刺激开采法的主要思路是：在生产井中，沿井壁在紧邻可燃冰储层位置放入微波发射器，通过微波加热地层使可燃冰分解。因此，微波刺激法实际上是热激发法的“变种”。

微波加热法的原理：微波通过离子迁移和极性分子的旋转使分子剧烈运动，实现了对可燃冰储层的加热。可燃冰中的甲烷是一种极性分子，对微波有一定的吸收作用，分子偶极以数十亿次的高速旋转产生热效应，可燃冰接受能量后加速分解。读者们可以联想一下家里用的微波炉，其加热方式与常规的非电磁加热有何不同呢？非电磁加热过程一般是从表面开始，通过传导、对流和辐射方式，把热量从外部逐渐传至内部。而微波加热则可以同时对可燃冰储存的内部、外部和表面进行加热，因此，加热效率比常规加热方法高，有利于可燃冰的分解。

与常规的热水吞吐开采可燃冰技术相比，微波刺激法开采可燃冰的另外一个优势是：可以实现不间断连续产气。即实现对地层加热的同时产气，从而提高了产气效率，并防止了常规热激发法开采可能导致的孔隙超压现象。

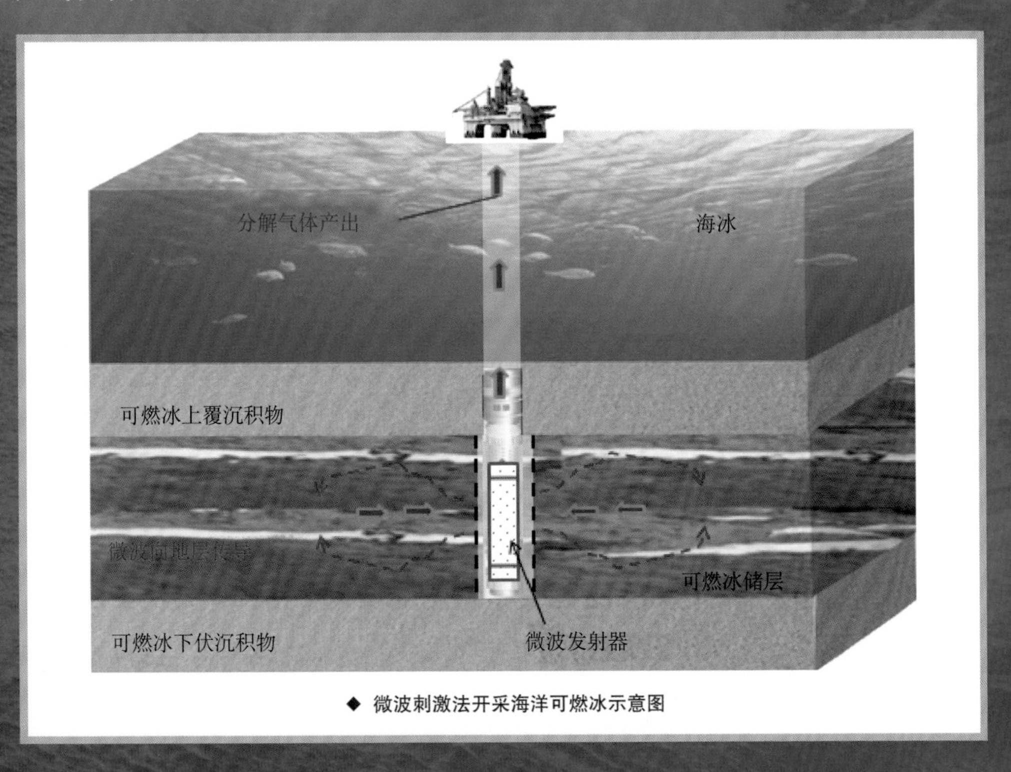

◆ 微波刺激法开采海洋可燃冰示意图

54. 如何利用深部地热循环开采可燃冰?

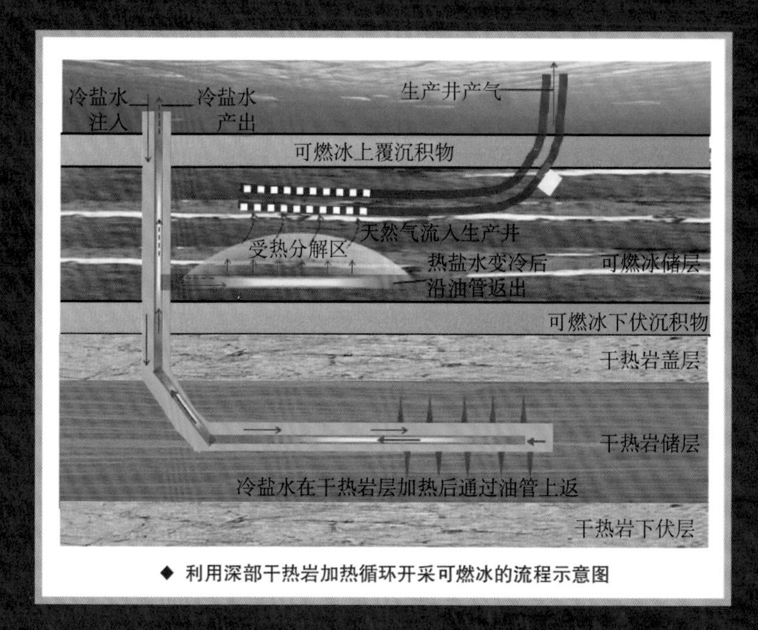

◆ 利用深部干热岩加热循环开采可燃冰的流程示意图

地球本身就是一个巨大的热库，越靠近地球深部，温度越高。若能够收集这些热能来开采海洋可燃冰，势必会大大降低开采成本。

基于上述想法，学者们提出了深部地热循环开采可燃冰的基本思路：如果可燃冰层下部存在温泉或地下热流体，可以采用一定的人工通道将深部热源引入可燃冰储层，促进可燃冰的分解。

以地球深部的干热岩作为热源，则深部地热循环开采的基本做法可以简述如下：（1）在深部热源地层打一口垂直井或水平井，作为海水注入井；（2）在注入井穿过海底可燃冰储层开窗侧钻，形成一口或多口侧钻井眼；（3）在可燃冰储层侧钻井眼附近钻一口或多口水平井或垂直井，作为产气通道；（4）用泵将海水压入干热岩，被加热的海水沿注水管和套管间的空隙上返，被侧钻井上方的封隔器阻隔进入侧钻水平井加热可燃冰储层；（5）可燃冰分解后气体通过产气通道产出。该方法之所以采用海水是因为它几乎不花费成本，而且海水中含有大量的盐，渗入到可燃冰储层中有利传热，加快可燃冰的分解。

该方法的关键在于如何构建有效的人工地热储层循环系统。这需要解决好两个问题：其一是漏失问题，在透水性高的干热岩层，流体循环和加热不是问题，但流体保持和回收就比较困难了；其二是循环通道和换热面问题，当地层透水性差时，就必须创造流体自由循环流动的通道，而且由于岩石本身的导热性较差，只有存在很大的热交换面才能获得良好的热交换效果。

55. 主井眼多分支孔开采方法如何提高可燃冰的开采效率?

我国海洋可燃冰储层以黏土质粉砂和粉砂质黏土为主，渗透率和水流导压系数极低，因此，只有当井底压力降低幅度较大时，才有可能加快可燃冰的分解，提高产气速率。然而，由于可燃冰储层综合强度较低，盲目加大生产压差不仅无法提高产能，而且可能导致井壁整体垮塌或地层破坏性大量出砂，造成井筒砂埋。基于此，我们提出了主井眼多分支孔开采可燃冰的方法：在可燃冰储层中形成一个大直径的垂直或水平井井眼，然后沿着主井眼按照一定的排列方式形成若干垂直于主井眼的小孔径多分支孔，多分支孔中充填大尺寸砾石进行有限控砂。

该法的基本原理是：（1）主井眼与多分支孔联合形成压力波快速传递的“双通道”，增大了短期内压力波的波及范围，提高了可燃冰分解效率；（2）主井眼和多分支孔形成的双通道分解模式大大提高了可燃冰和井壁间的裸露面积，增大了可燃冰有效分解阵面；（3）多分支孔将井筒附近的径向流转变为双线性流，减少了井筒节流效应，有利于降低井筒附加压降，提高产能；（4）有限控砂条件下地层多分支孔及主井眼周围地层孔隙度和渗透率均得到一定的改善，进一步促进压力波在地层中的传播，扩大可燃冰有效分解阵面；（5）在一定产能要求条件下，多分支孔和主井眼形成的多通道可燃冰分解模式，有助于缓解压降幅度，缓解地层出砂，降低井壁坍塌风险。

◆ 大尺寸主井眼多分支孔开采可燃冰基本井型构造示意图

56. 如何利用固态流化法开采海洋可燃冰？

海洋可燃冰固态流化开采方法的基本操作流程是：首先通过机械办法将地层中的固态可燃冰进行机械碎化、“流化”为可燃冰浆体，然后通过完井管道和输送管道，将其转移到密闭的气、液、固多相举升管道内，利用举升过程中海水温度升高、静水压力降低的自然规律使可燃冰逐步分解，产出甲烷气体，其泥砂部分又回填到原地层中，实现海洋可燃冰的开采。

在可燃冰固态流化开采过程中，井底射流使可燃冰矿体破碎至细小颗粒，含可燃冰固相颗粒在随钻井液向上流动时由于温度升高、压力降低而发生分解，使得管道中的流体变为复杂的气、液、固多相流动，井控安全要求极高。因此，采用固态流化开采海洋可燃冰，现场工程施工的难点是井筒多相流动、温度与压力的控制等。

2017 年，中国海洋石油总公司依托南海北部荔湾 3 站开展了可燃冰固态流化试采作业，累计获得天然气 80 多立方米。

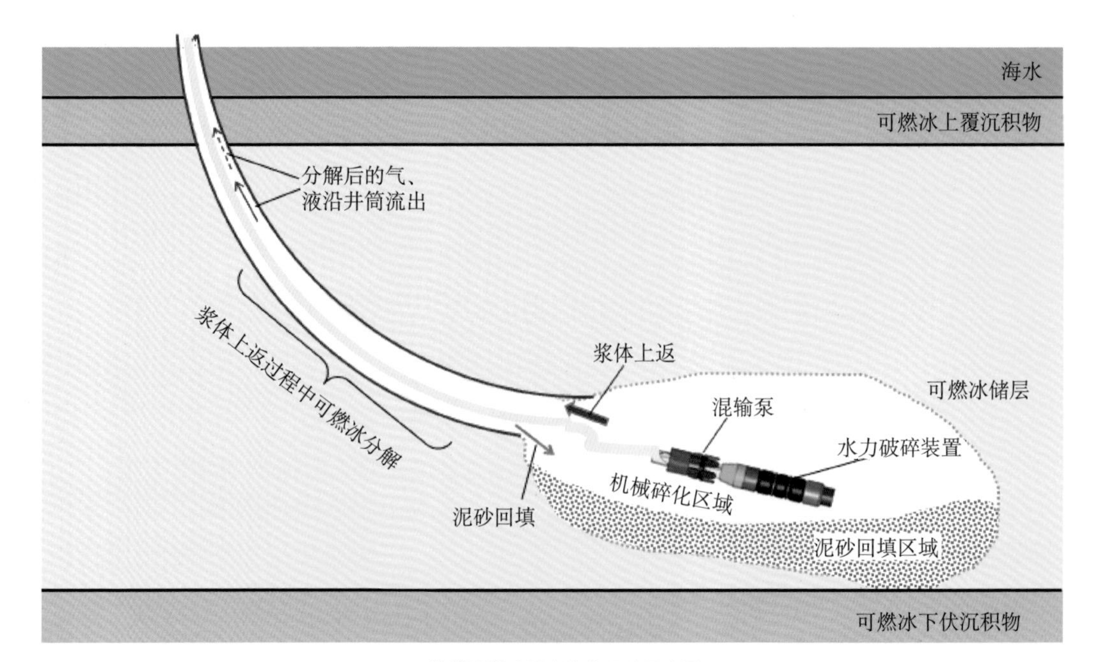

◆ 海洋可燃冰固态流化开采示意图

57. 如何利用太阳能加热开采海洋可燃冰？

太阳能是可再生能源，利用太阳能加热开采海洋可燃冰的主要思路有两种：其一是通过光纤传导，直接利用太阳能对可燃冰储层加热；其二是将太阳能转化为电能，利用电能对可燃冰储层加热。

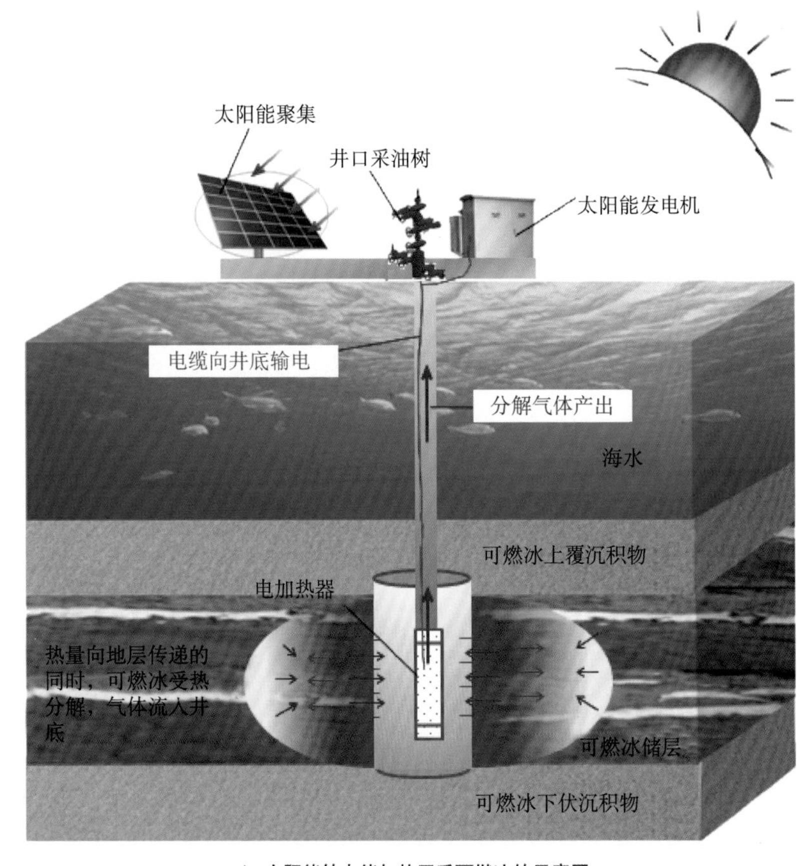

◆ 太阳能转电能加热开采可燃冰的示意图

前者的主要思路是：首先通过太阳能汇集装置，收集海面太阳能并进一步提高能量密度；然后将太阳能通过光缆传输到可燃冰储层，对可燃冰储层进行加热。由于光缆传输的能量损失很小，可最大程度地提高能量使用效率。这种做法最大的困难是太阳能在光纤中的蓄能效率问题，因为在夜晚是无法提供太阳光能的。

后者的主要思路是：首先在海洋生产平台上设置太阳能发电系统，将太阳能转换成电能；与此同时将若干电加热器安装在可燃冰储层内的若干洞穴中；然后用电缆传输方式对井下电加热器供电使其发热，产生的热量使地层中的可燃冰分解；分解后的气体在井底压差的作用下通过井筒流到地面。这种加热途径的最大优势是电能蓄能技术发展快，从理论上讲，该方法更有利于维持海洋可燃冰的连续生产。

58. 目前全球有哪些地区进行过可燃冰试采？

目前全球发现可燃冰的地方超过 230 处。但由于技术、成本制约，已开展可燃冰试开采的地点并不多。截至 2017 年，国际上已先后进行了 8 次可燃冰试采，其中陆地冻土区 5 次，海域 3 次。陆地冻土区可燃冰试采分别为 2002 年的加拿大麦肯齐三角洲马利克 5L-38 井、2007—2008 年的马利克 2L-38、2011—2012 年美国阿拉斯加北坡、2011 年和 2016 年我国木里盆地冻土区可燃冰试采。海域可燃冰试采分别为 2013 年和 2017 年日本南海海槽试采、2017 年中国南海神狐海域试采。

其中，2002 年马利克 5L-38 采用注热法开采 5 天，累计产气 468 立方米，最终由于效率和井筒稳定问题停产；2007 年马利克 2L-38 采用降压法开采 12.5 小时，累计产气 830 立方米，出现砂磨损电潜泵被迫停产；随后，2008 年马利克 2L-38 安装防砂装置，降压试采 6 天，累计产气 13000 立方米。阿拉斯加北坡曾采用二氧化碳置换与降压联合法试采，取得了一定的效果。2011 年我国在木里盆地开展首次试采，效果不理想；2016 年在该地区利用山字形对接水平井开展了第二次试采，累计产气 1078 立方米。

2013 年，日本在其南海海槽进行了首次海洋可燃冰试采，采用降压法，6 天累计产气约 12 万立方米，由于大量出砂被迫终止。2017 年在同一区域开展第二次降压试采，36 天累计产气约 27 万立方米；中国 2017 年 5—7 月在南海神狐海域进行首次试采，60 天累计产气 30.9 万立方米，创造了连续稳定产气最长时间纪录。

全球可燃冰试开采概况

中国南海神狐海域： 2017：累计产气 30.9 万立方米
中国祁连山： 2011：累计产气 95 立方米 2016：累计产气 1078 立方米
美国阿拉斯加北坡： 2012：累产气 24211.04 立方米
加拿大马利克： 2002：累产气 468 立方米 2007—2008：累产气 13830 立方米
日本南海海槽： 2012：累产气 12 万立方米 2017：累产气 23.5 万立方米

59. 我国首次海洋可燃冰试采的效果如何？

2017 年 3 月 28 日，在南海北部神狐海域，承担我国首次海域可燃冰试采的“蓝鲸 1 号”平台开始钻探第一口试采井。5 月 10 日下午 14 时 52 分，井口产出大量的甲烷气体，平台火炬臂点火成功，标志着从水深 1266 米海底以下 203 ～ 277 米的可燃冰矿藏中成功开采出天然气。到 5 月 18 日上午 10 时，连续产气近 8 天，平均日产超过 1.6 万立方米，超额完成“日产万方、持续一周”的预定目标。截至 7 月 9 日 14 时 52 分，已连续试采 60 天，累计产气量 30.9 万立方米，平均日产 5000 立方米以上，最高产量达 3.5 万立方米 / 天，甲烷含量最高达 99.5%，创造了产气时长和总量的世界纪录。中共中央、国务院为此专门发来贺电，指出这是中国人民勇攀世界科技高峰的又一重要成就，对推动能源生产和消费革命具有重要而深远的影响，同时提出了促进可燃冰产业化的要求。

本次试采是我国首次开展海域可燃冰试采，也是全球首次在泥质粉砂沉积物中获得连续稳定的可燃冰气体，在试采理论—技术—工程—装备等方面都得到了极大的提高，形成了出砂管理、举升方式、产能调控、井壁和地层稳定监测等系列技术，为下一次海域天然气试采奠定了坚实的基础。

中共中央　国务院
对海域天然气水合物试采成功的贺电

国土资源部、中国地质调查局并参加海域天然气水合物试采任务的各参研参试单位和全体同志：

在海域天然气水合物试采成功之际，中共中央、国务院向参加这次任务的全体参研参试单位和人员，表示热烈的祝贺！

天然气水合物是资源量丰富的高效清洁能源，是未来全球能源发展的战略制高点。经过近20年不懈努力，我国取得了天然气水合物勘查开发理论、技术、工程、装备的自主创新，实现了历史性突破。这是在以习近平同志为核心的党中央领导下，落实新发展理念，实施创新驱动发展战略，发挥我国社会主义制度可以集中力量办大事的政治优势，在掌握深海进入、深海探测、深海开发等关键技术方面取得的重大成果，是中国人民勇攀世界科技高峰的又一标志性成就，对推动能源生产和消费革命具有重要而深远的影响。

海域天然气水合物试采成功只是万里长征迈出的关键一步，后续任务依然艰巨繁重。希望你们紧密团结在以习近平同志为核心的党中央周围，深入学习贯彻习近平总书记系列重要讲话精神特别是关于向地球深部进军的重要指示精神，依靠科技进步，保护海洋生态，促进天然气水合物勘查开采产业化进程，为推进绿色发展、保障国家能源安全作出新的更大贡献，为实现“两个一百年”奋斗目标、实现中华民族伟大复兴的中国梦再立新功！

中共中央
国 务 院
2017年5月18日

◆ 中共中央、国务院对我国首次海域可燃冰试采成功的贺电

60. 我国首次海域可燃冰试采所用的平台有何特色？

2017 年 5 月 18 日，中国地质调查局向全球发布我国首次海域可燃冰试采成功的消息。首次参与可燃冰试采的“蓝鲸 1 号”，是当时全球最先进的双钻塔半潜式钻井平台，由中集来福士海洋工程有限公司自主设计建造。

该平台采用 FrigstadD90 基础设计，由中集来福士完成全部的详细设计和建造、调试，配备 DP3 动力定位系统。平台长 117 米，宽 92.7 米，高 118 米，最大作业水深 3658 米，最大钻井深度 15240 米，适用于全球深海作业。与传统单钻塔平台相比，“蓝鲸 1 号”配置了高效的液压双钻塔和全球领先的 DP3 闭环动力管理系统，可提升 30% 作业效率，节省 10% 的燃料消耗。

此次执行海域可燃冰试采，是“蓝鲸 1 号”交付后执行的首次任务。作为全球最先进的半潜式平台，承担这样一项伟大的工程，是大国重器与伟大工程的有机结合，也是对“蓝鲸 1 号”平台的一次洗礼。“蓝鲸 1 号”海上钻井作业平台在南海试采可燃冰成功，标志着我国在该领域取得了重大技术突破，为可燃冰的商业化开发铺就了道路。

61. 我国首次海域可燃冰试采为何选址南海北部神狐海域？

海域可燃冰试采地点的选择，主要有以下要求：试采矿体调查研究程度高、矿体规模大、矿体丰度高以及地理位置便于补给等。

基于以上要求，我国首次海域可燃冰试采选择了神狐海域，主要因为：（1）该区域调查研究程度较其他海域高，可燃冰矿体分布特征比较清楚。自 2001 年以来，我国在南海北部陆坡开展了可燃冰资源调查，圈出一批有利远景区、有利成矿区带及有利成矿区块。神狐海域是其中已查明成矿区块最多、面积最大的可燃冰成矿有利区。（2）我国 2007 年在该区域实施了钻探取样，首次钻获了可燃冰样品，直接证实了南海北部陆坡可燃冰的存在，实现了可燃冰勘查的重大历史性突破。（3）2015 年，我国在神狐海域实施了 19 个站位的钻探，明确了两个适合于可燃冰试采的矿体，正是这两个矿体成了本次试采的目标井位。2016 年又针对试采井位进行钻探测井与取芯，为可燃冰试采详细方案的制定打下了坚实基础。（4）神狐海域试采区与陆地补给基地距离适中，距珠海九洲直升机场及深圳物资补给码头均约 300 千米，便于人员更换及生产物资的补给。

62. 可燃冰成为一种新矿种有何意义？

我国国务院于 2017 年 11 月 3 日正式批准将可燃冰列为我国第 173 个新矿种。

矿种名称：天然气水合物（可燃冰）

发现单位：中国地质调查局

发现时间及产地：我国海域可燃冰首次发现时间为 2007 年 6 月，产地为南海神狐海域，地理坐标为东经 115 度 20.058 分，北纬 19 度 55.711 分；我国陆域可燃冰首次发现时间为 2008 年 11 月，产地为青海祁连山，地理坐标为东经 99 度 10.260 分，北纬 38 度 5.591 分。

将可燃冰确立为新矿种具有如下意义：（1）有利于保障国家能源资源安全，海洋可燃冰开发利用将为国家能源资源提供新的方向，提升我国能源资源安全保障程度。（2）有利于优化能源生产和消费格局，加快可燃冰资源早日实现开发利用的步伐，对于推进绿色发展具有重要意义。（3）有利于放开可燃冰矿业权市场，推进可燃冰勘查开发投资主体多元化，鼓励国内、外具有资金、技术实力的多种投资主体进入可燃冰勘查开发领域，可以极大地激发市场的活力。（4）有利于促进可燃冰勘查开采科技创新，掌握可燃冰勘查开采的核心技术，促进可燃冰领域技术的全面进步。（5）有利于带动相关产业发展，拉动钻采装备制造、管网建设、工程施工、液化天然气船、非常规天然气勘探开发特种技术及装备制造，形成上游勘探开发、中游运输储备、下游综合利用的完整产业链。

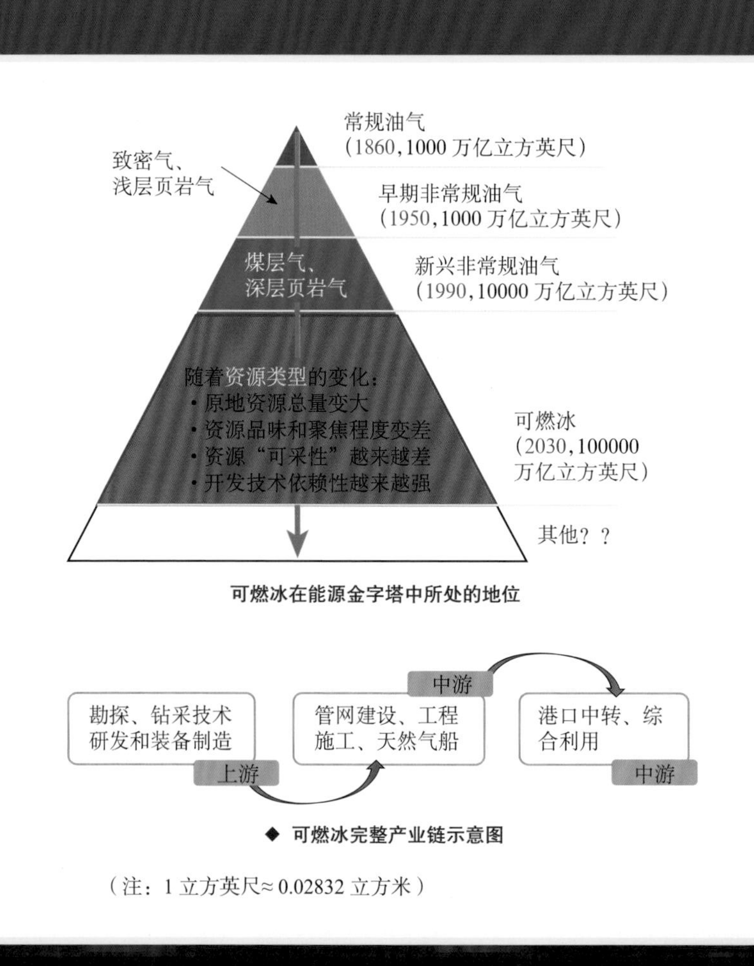

可燃冰在能源金字塔中所处的地位

◆ 可燃冰完整产业链示意图

（注：1立方英尺≈0.02832立方米）

63. 我国是否进行了陆域可燃冰试采？

大家都对 2017 年我国首次海域可燃冰试采津津乐道，殊不知，我国还在祁连山冻土区开展了两次小规模的可燃冰试采工作，基本概况如下：

（1）2011 年 9—10 月，中国地质调查局采用“降压＋加热”联合法对祁连山冻土区可燃冰进行了试采。本次试采用单井直井方案，在 DK-8 试采孔确定可燃冰层位后，安装开采套管并固井，然后在井底预定位置安装高压潜水泵进行试采。试采过程中，可燃冰层的压力降低，可燃冰发生分解释放出天然气，在地表进行回收，试采共进行了 9 天，累计产气阶段 101 小时，产气量为 95 立方米。

（2）2016 年 10—11 月，我国在祁连山冻土区采用排水降压法试采可燃冰，累计生产 23 天，总产气量 1078.4 立方米，最高日产量 136.55 立方米。本次试采的主要目标是提高开采效率和产气量，针对祁连山冻土区可燃冰饱和度低、分布不均等特点，创新性提出山字形水平对接井试采方案，试采井由一口主井（SK-0）和水平距达 629.7 米的两口分支井（SK-1 和 SK-2）组成，这是世界上首次利用水平对接井技术试采可燃冰。

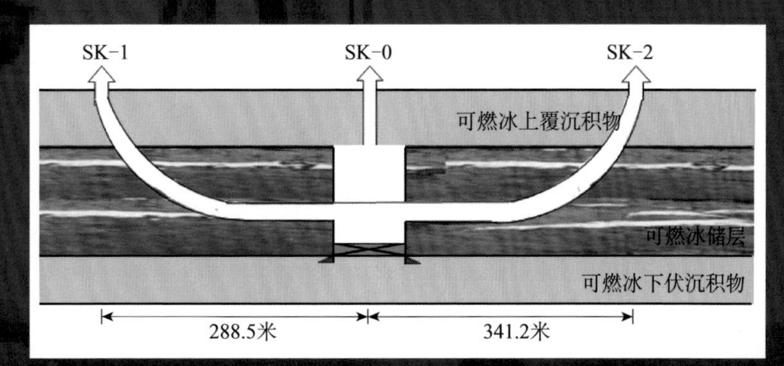

◆ 祁连山木里地区山字型水平对接井结构图

祁连山木里地区 2016 年试采点火现场

64. 日本海域可燃冰试采经历了哪些标志性事件？

日本早在 1997 就发现了其南海海槽富集可燃冰，并在随后的几年中进行系统的勘查、钻探测井，评估这一区域可燃冰的资源潜力。据估算，这一地区可燃冰中储存的天然气大概为 1.1×10^{12} 立方米。

2013 年，日本首次对其南海海槽进行了可燃冰试开采，利用降压法开采出甲烷气，证实了海底可燃冰开采的可行性。但由于在产气的过程中，井孔出砂阻塞，产气通道不畅通，井内压力过高，使开采被迫中断。

2014 年 10 月，日本 11 家石油和天然气开发企业共同投资建立了日本可燃冰调查株式会社，以可燃冰商业化开发为目标，以实现近海试采实施和信息共享为任务。

2015 年底启动了可燃冰研究的第三阶段，将以完善商业化开发技术为目标，重点实施第二次可燃冰海域试采和长期陆上试采。

2016 年 5 月 12 日，日本“地球号”深海钻探船从日本清水港出发，赴第二渥美海丘开展了第二次近海试采的前期钻探作业，试采站位位于第一次近海试采站位附近。

2017 年 4 月至 7 月，日本进行了第二次海域可燃冰试采。

第一阶段
2001财年至2008财年

第二阶段
2009财年至2015财年

生产方法（产气试验的评价与选择）

可燃冰岩心回收与分析技术的确立
生产模拟器（MH21-HYDRES）的开发

可燃冰资源区域（模型区域）的选择与评价
可燃冰富集带勘探到资源量评价技术的确立

日本南海海槽
东部海域
二维与三维
地震勘探

2004年：测试性钻探
[日本东海冲-熊野滩]
• 钻探调查（岩心回收和测井数据）

日本南海海槽东部海域的可燃冰资源量评价
• 约1.1万亿立方米的甲烷原地资源量

技术的示范性试验（现场技术开发）

2002年：
第一次陆域试采的实施
• 加拿大多年冻土层下的可燃冰层
• 通过热水循环法持续产气5天（累计产气量约470立方米）

2008年：
第二次陆域试采的实施
加拿大多年冻土层下的可燃冰层
降压法持续产气5.5天（累计产气量约1.3万立方米）

第一次海域试采的计划制定、设计和实施

室内试验
模拟
• 降压法生产行为的评价
• 生产导致的出砂和地层变形

海域试采的计划和设计
• 作为试验对象的富集带的选择
• 基于岩心、测井和地震勘探数据的分析建立储层模型
• 生产预测模拟
• 力学行为分析模拟
• 生产设备以及生产井和监测井的设计，流动试验的设计
• 环境影响评价（海域环境监测）等

2013年3月：第一次海域试采的实施
• 针对渥美半岛到志摩半岛近海海底以下可燃冰层的降压产气试验
• 平均日产量2万立方米，连续产气约6天（累计产气量约12万立方米）

◆ 日本 2013 年试采前的基本工作部署节点安排

65. 日本第二次海上可燃冰试采有何特点？

日本于 2017 年 4—7 月进行了第二次海域可燃冰试采，地点选择了与第一次海域试采的实施站位和条件相近的场地。本次试采部署了 1 口地质调查井、2 口监测井和 2 口生产井，其中 2 口生产井分别配备了不同的防砂装置，可以交替产气，这样即使 1 口井发生故障，也不影响可燃冰试采的顺利进行。

第二次试采的关键时间节点如下：

2017 年 4 月 7 日，“地球号”驶往第二渥美海丘开始实施第二次海域可燃冰试采的准备工作，在水深 1000 米、海底以下 350 米的可燃冰储层钻了第一口井。

2017 年 5 月 4 日上午 10 时许，第一口井成功产气。

2017 年 5 月 15 日，由于出砂堵塞了管道，试采工作被迫终止，在为期 12 天的可燃冰试采中，累积产气量为 3.5 万立方米。

2017 年 5 月 31 日，完成了第二口试采井的准备工作。

2017 年 6 月 5 日，第二口试采井开始产气。

第二次海域试采		第一次海域试采
钻探设备	将采用**重量更轻（约 120 吨）**、更**便于重新安装和切换作业**以及**允许更大船偏距**的**修井立管**	使用了“地球号”深海钻探船的钻探设备以及防喷器，但该钻探设备的**重量较大**（超过 300 吨），井的中断、重新安装以及切换**作业非常困难**
井下设备	将**增大井内径**以降低流速，进而提高气水分离效率	
	将简化井下设备以降低发生故障的风险	
防砂装置	将采用 **GeoFORM 防砂系统**，该系统不会发生砾石移动以及使用了抗变形和侵蚀的形状记忆高分子材料	采用了**裸眼砾石充填**，在第六天出现了因为**出砾**而无法继续生产的状况
	为了测试不同防砂装置的效果，将使用**两种型号的 GeoFORM 防砂系统**：一种是下入井底前就预先膨胀；另一种是在井底才膨胀	
产气过程	将力争持续产气**一个月左右**	持续产气 **6 天**
	将采用 **2 口配备有不同防砂装置的生产井**，2 口井交替产气，目的在于发生故障时可通过切换井来继续实施试采	仅 **1 口生产井**
监测系统	将在监测井中实现**温度和压力的同时监测**	仅实施了**温度监测**

◆ 日本 2017 年第二次试采与第一次试采的主要区别

		3月	4月	5月	6月	7月
设备和材料的接收与检查	约 3 月下旬					
开始租赁船只和装船作业	4 月上旬					
钻探、测井、防砂装置的安装	4 月中旬					
井下试验装置的下放以及流动试验	4 月下旬至 6 月上旬试采约持续一个月					
船只回港和卸船作业	6 月中旬					

◆ 日本第二次海洋可燃冰试采的时间节点安排

2017 年 6 月 28 日，因试采计划结束日期已到，主动终止了第二口生产井的产气，为期 24 天的试采累计产气约 20 万立方米。

2017 年 7 月 7 日，日本完成试采海域的回收作业，“地球号”钻探船抵达清水港，第二次海域可燃冰试采正式结束。

66. 日本可燃冰试采的平台有何特色？

日本 2013 年和 2017 年两次海洋可燃冰试采，所用的平台均为其最先进的“地球号”深海钻探船，由日本为实施“21 世纪海洋钻探规划”而制造的一艘立管型深海钻探船，于 2002 年 1 月下水，主要用于深海海底地质结构的勘探。“地球”号水面上共有 5 层，水面下 3 层，全长 210 米，宽 38 米，总吨位约 5.7 万吨，满载续航能力约 1.48 万海里（1 海里 =1.852 千米，下同），最大时速达到 12 节，装备有目前世界上最高的船上钻井架，高出海平面 121 米。因此，“地球号”曾被称为“人类历史上第一艘”多功能科学钻探船。

“地球号”可以钻达地底7千米进入地幔，从而使科学家就可以随心所欲地取到地壳不同深度的样本，并当场在船上进行分析，了解地球各个断层的机理、生物状态和矿物质成分等。

2013年3月，“地球号”成为人类首次海域可燃冰试采的平台，完成了全球首个创举。2017年4—7月，“地球号”再接再厉，成为日本第二次海洋可燃冰试采的平台，无疑成为日本海洋可燃冰开发的功勋钻探船。

读者们，与我国的试采平台“蓝鲸1号”相比，你能说出两者的异同吗？我国海域可燃冰试采成功之后，有部分人曾说用“蓝鲸1号”就是用大炮打蚊子，看了日本的试采平台，你还这么认为吗？

67. 国外陆地冻土区可燃冰开采有何特点?

国外进行了可燃冰试采的陆地冻土区主要有加拿大麦肯齐三角洲地区和美国阿拉斯加北坡。2002年，在麦肯齐三角洲地区实施了一项举世关注的可燃冰试采研究，即“马利克5L-38”项目。该项目由加拿大地质调查局、日本石油公团、德国地球科学研究所、美国地质调查局、美国能源部、印度燃气供给公司、印度石油与天然气公司等5个国家9个机构共同参与投资，是全球首次可燃冰开采试验。采用“热水循环法”，首次成功从可燃冰层中产出天然气，生产持续5天，总产气量为470立方米。本次试采是一个里程碑式的工作，证实了从可燃冰中开采天然气的可行性。

2007年和2008年，加拿大、美国、日本等国家在相同的地区采用降压法进行了较大规模的可燃冰试采。其中，2007年实现连续12.5小时从可燃冰层中产出天然气850立方米；2008年实现连续5天产出天然气1.3万立方米。

阿拉斯加北坡永冻带蕴藏着丰富的可燃冰资源，是美国可燃冰研究开发的特定目标之一。2012年5月，康菲公司与日本国家油气与金属公司以及美国能源部合作，运用二氧化碳置换法与降压法相结合的手段，完成了1#井的可燃冰试采，在30天的有效生成期内累计产气24211.04立方米、产水180.70立方米，同时产生了10.65立方米的砂。

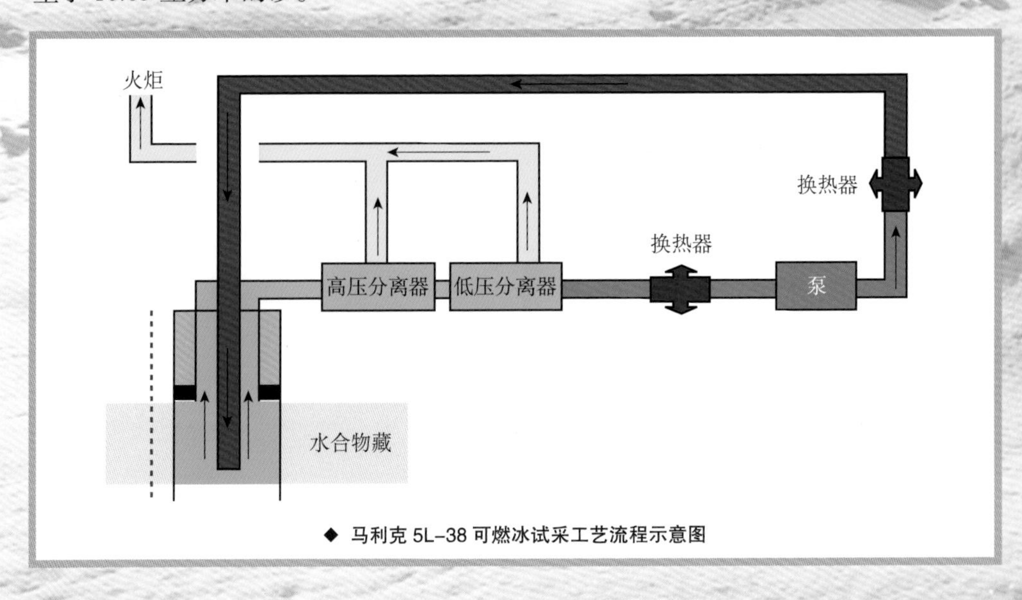

◆ 马利克5L-38可燃冰试采工艺流程示意图

68. 如何评价海洋可燃冰的开采潜力？

海洋可燃冰试开采是一项投入巨大的系统工程，为了降低工程风险，施工之前必须对其开采潜力进行评价。

具体而言，从地质角度出发，可燃冰开采潜力评价包括以下几方面：（1）依据地质、地球物理、钻探数据等资料，研究岩性、岩相展布规律、可燃冰的赋存状态和地质条件、可燃冰产出特征和储层类型；分析影响可燃冰分解和开发潜力的各项要素；研究各地质参数对可燃冰开采效率的影响强度，并进行排序，建立可燃冰开采潜力的地质评价参数。（2）依据这些地质评价参数，开展海洋可燃冰开采数值模拟研究，计算各参数变化对可燃冰产能的影响及敏感性，研究各地质参数与产气效率的响应关系，确立其对可燃冰开发潜力的影响权重，构建海洋可燃冰开采潜力地质评价指标的数学模型。（3）利用建立的数学模型，评估特定海域可燃冰的开采潜力，优选最具潜力的可燃冰储层作为开采目标区。

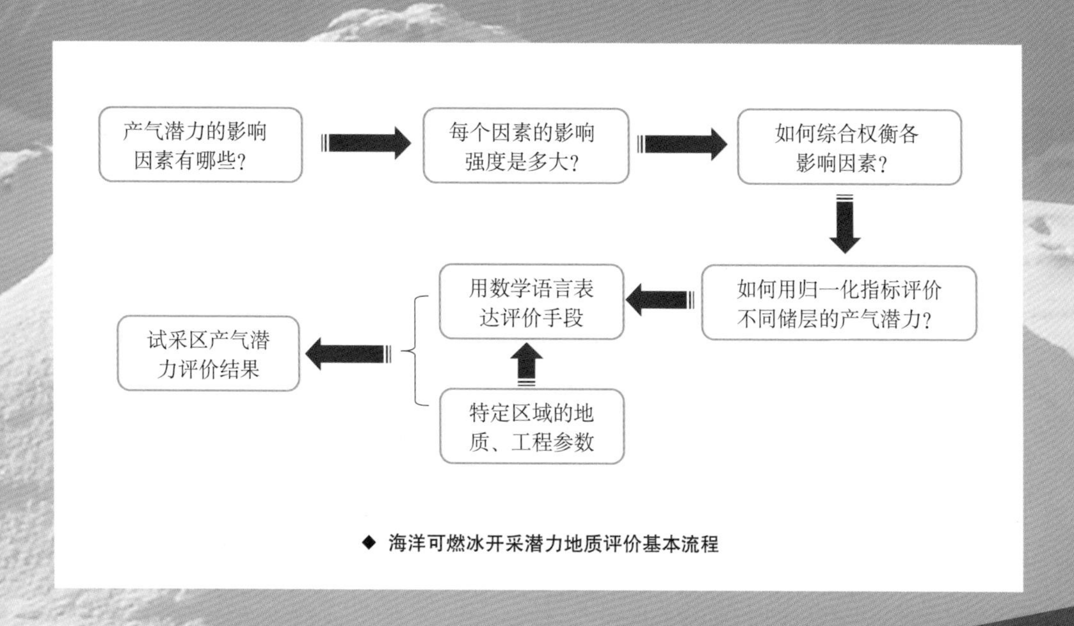

◆ 海洋可燃冰开采潜力地质评价基本流程

69. 制约可燃冰开采效率的主要因素有哪些？

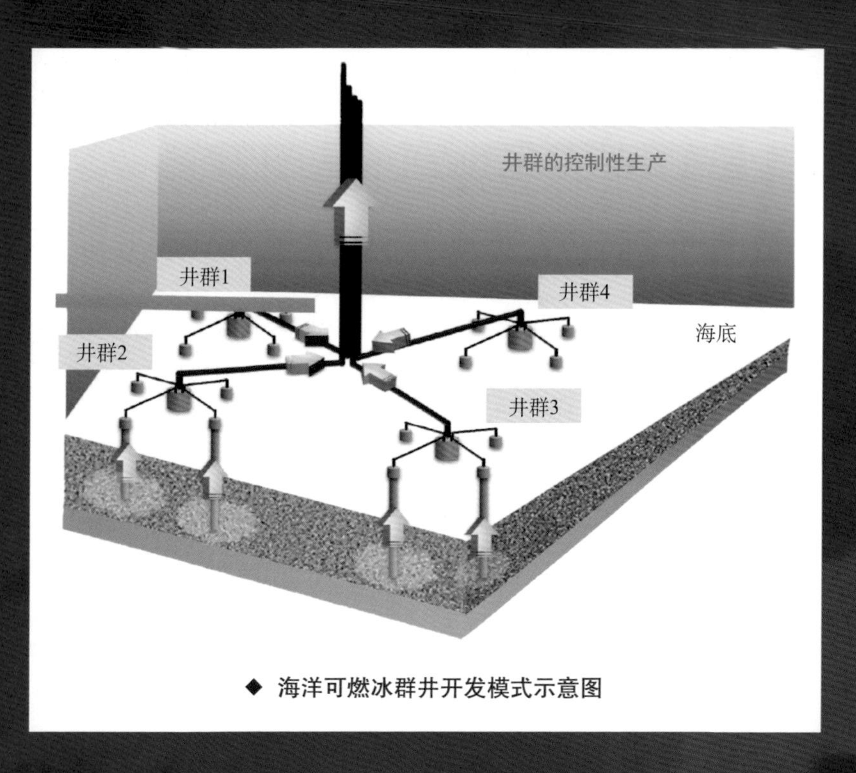

◆ 海洋可燃冰群井开发模式示意图

从海域可燃冰试采的结果来看，影响开采效率的制约因素主要有：可燃冰储层绝对渗透率、相对渗透率、孔隙度、粒度，以及可燃冰的结构类型、气体组分和饱和度等参数。

目前，实验模拟与数值模拟研究表明，可燃冰储层参数对开采产能会产生不同程度的影响。比如：储层渗透率与可燃冰饱和度，在降压开采过程中会显著地影响气体与水的产出，渗透率越高时，气体产出速率也越高。因此，砂质储层的开采效率显著高于泥质粉砂储层。

从原理上讲，目前提出的开采方法主要从两个方面提高可燃冰的开采效率，其一是加快单位体积可燃冰的分解速率，这类方法如：地层流体抽取法、降压＋热盐水联合开采法、微波刺激开采法、蒸汽吞吐开采法等；其二是增加可燃冰分解接触面，这类方法如：水平井开采方法、山字型水平对接井开采方法、直井水力割缝开采方法及主井眼多分支孔开采方法、群井开发方法等。

总之，可燃冰开采方法倾向于“集百家之长”，不同方法的联合使用是提高可燃冰开采效率的必然趋势。

70. 海洋可燃冰开采有哪些工程地质风险?

海洋可燃冰开采在不同的阶段都面临着工程地质风险，主要包括：在可燃冰开采的钻、完井阶段，由于钻井液、完井液和固井水泥浆与地层温度差异，会造成储层可燃冰分解，出现相应的工程地质风险，如井壁失稳坍塌、固井质量变差、井筒气侵等。实践经验表明，钻、完井阶段的工程地质风险，可以通过适当的工艺参数优化设计得以缓解。可燃冰长期开采产气阶段，可能面临储层出砂、地层沉降、海底滑坡以及水下井口的破坏等工程地质风险，这主要由可燃冰开采造成的储层力学特性改变引起的。

目前，国内、外历次可燃冰试采作业，由于时间周期短，尚未暴露上述可能面临的工程地质风险。为了加快可燃冰开发的产业化进程，迫切需要对可燃冰开采的工程地质风险做出评估与处理。

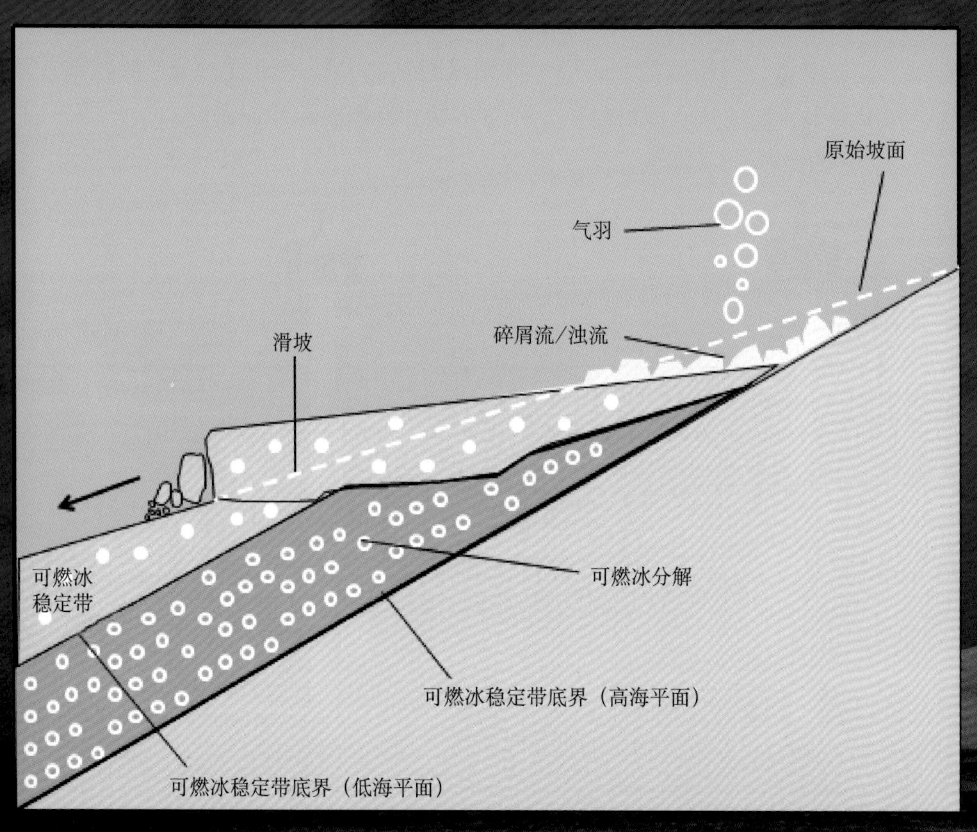

◆ 可燃冰开采可能引发的海底滑坡风险

71. 海洋可燃冰钻井过程面临哪些主要挑战?

钻井是勘探和开发可燃冰的重要手段。由于海洋可燃冰储层浅、未成岩，使得海洋可燃冰钻井面临很多困难:（1）井身结构设计需要根据储层压力而定，而可燃冰储层的强度预测缺乏足够的基础资料支撑;（2）钻井过程中对压力控制要求较为苛刻，起下钻具、钻井液的循环、生产过程的抽汲引起的压力波动易影响储层稳定性;（3）钻井过程中对温度控制要求较高，钻头发热以及固井过程水泥浆放热都易引起可燃冰分解;（4）对钻井液性能要求高，在低温环境下需要较好的流变性及较高的携屑能力;（5）地层环境易受钻井液入侵的影响，钻井液入侵地层将影响测井数据并引起储层内可燃冰分解。

要解决这些问题，就需要完全不同于常规天然气开采的钻井技术。应该说在世界范围内，目前还没有成熟的可燃冰钻、完井技术和装备。因此，针对海洋可燃冰钻井方面的具体攻关方向主要有:（1）可燃冰储层压力以及破裂压力剖面预测;（2）井内温、压精确控制;（3）可燃冰随钻测井技术研发;（4）低温钻井液及完井用耐水、低放热水泥材料研发;（5）钻井过程防塌作业研究。

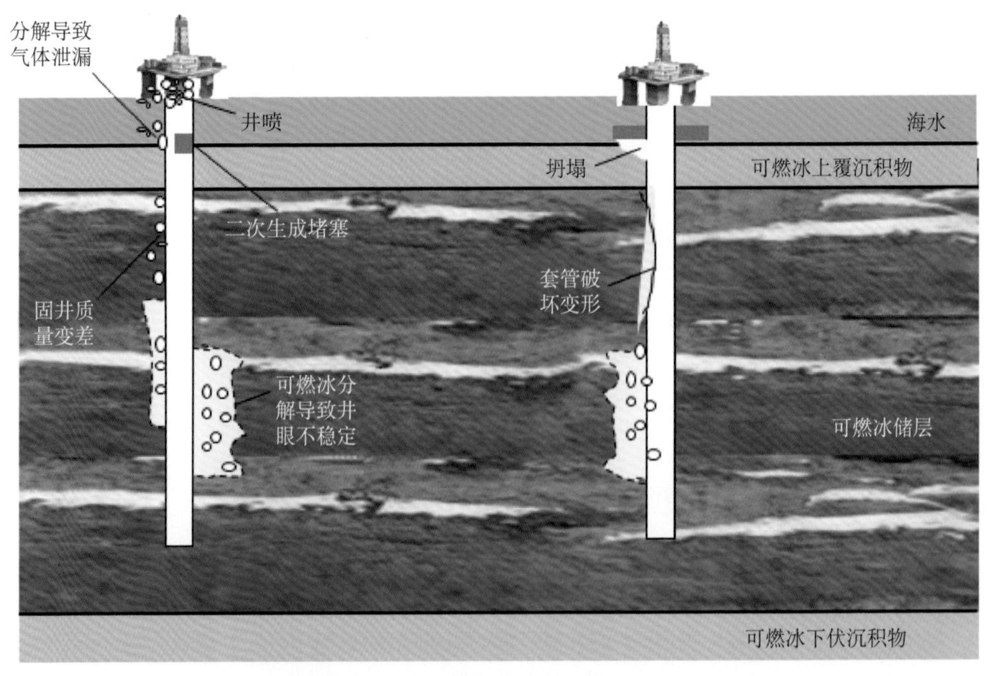

◆ 可燃冰储层钻、完井及生产过程中可能面临的难题示意图

72. 什么是可燃冰开采过程中的出砂现象？如何管控？

在可燃冰的开采过程中，往往会出现储层出砂现象。这是由于可燃冰的开采造成了储层破坏，导致地层泥砂剥落、运移、产出，对可燃冰开采造成不利影响。目前，国内、外可燃冰试采实践表明，地层出砂已经成为制约可燃冰安全、高效开采的主要风险之一。

由于海洋可燃冰储层特点与常规油气差异巨大，且开采过程中面临水合物相变，因此，海洋可燃冰开采出砂机理与常规油气开采完全不同。针对可燃冰开采过程中出砂问题管控思路为：出砂管理的根本目的不是“防砂”，而是有效缓解泥砂产出与持续生产之间的矛盾，减少泥砂产出对开采工程的影响。具体做法是：在泥砂产出运移体系中设置节点，将整个出砂系统按照泥砂运移规律的差异划分为若干个子系统，在分析各子系统泥砂迁移特征的基础上，厘清各子系统的相互关系及其对整个生产系统的影响，从而对泥砂产出全过程进行系统分析和有效管控。

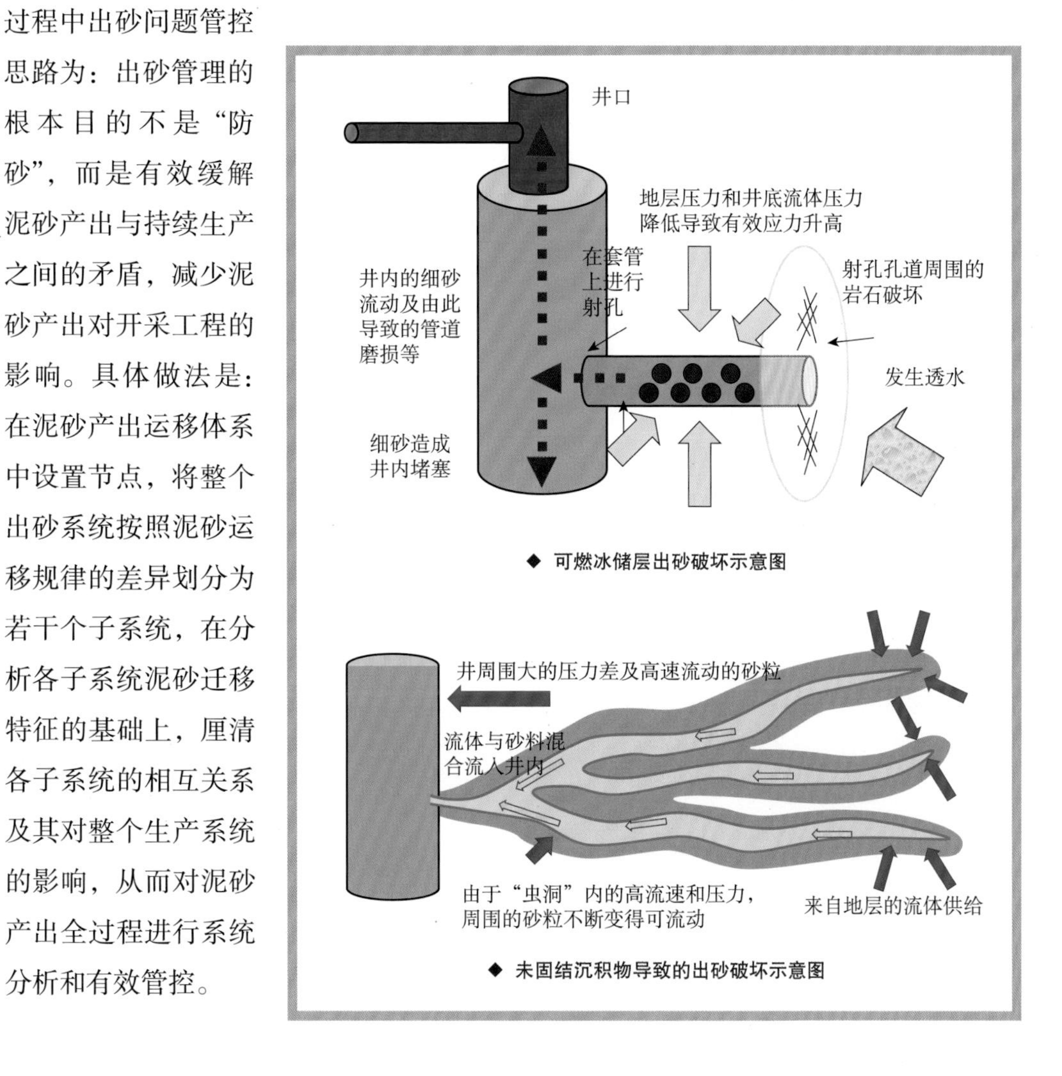

◆ 可燃冰储层出砂破坏示意图

◆ 未固结沉积物导致的出砂破坏示意图

73. 海洋可燃冰开采出来后是如何进行储存和运输的？

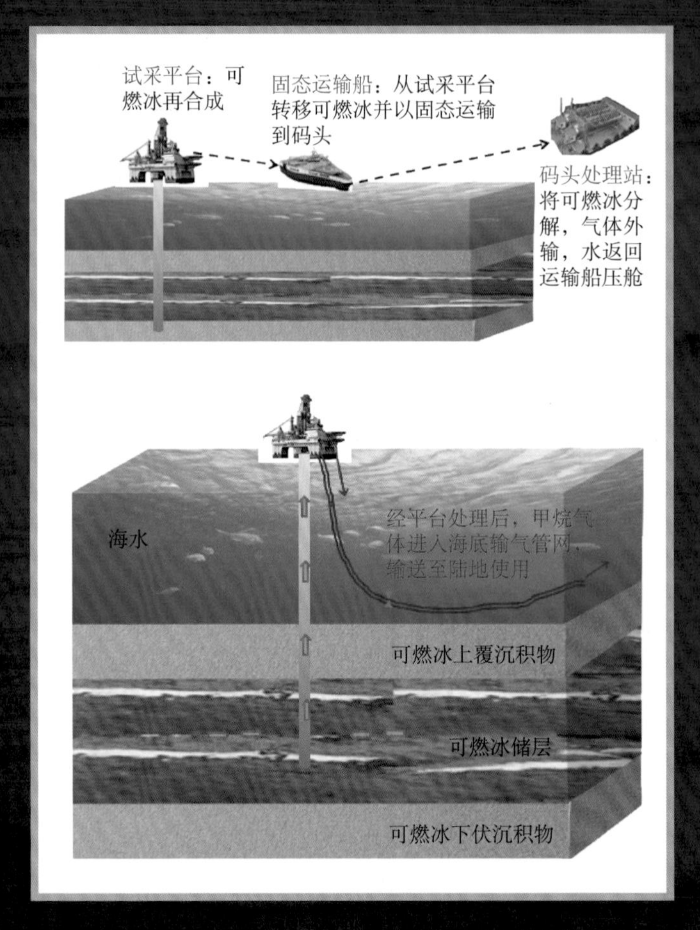

通常情况下，海洋可燃冰的开采地点离陆地较远，生产出来的天然气需要运输到陆地，才能被应用。通常采取以下三种途径进行储运。

第一种方法是采用可燃冰法进行储运。在试采平台上将生产的天然气通过低温、高压环境再制成可燃冰，压缩成片状或丸状，通过运输船运送到达目的地之后，通过气化形成天然气，接入供气管道。该方法面临的问题是在平台上制备可燃冰的效率低，可燃冰运输与气化技术还不成熟。

第二种方法是建立海底管网进行运输。将可燃冰开采过程产生的天然气接入海底天然气运输管道，运输到陆地。然而，海洋可燃冰通常丰度较低，同一口井生产的天然气量是有限的。因此，如果铺设常规的海底管网，投入高，使用效率低，在经济上不划算，可以考虑将可燃冰开采的气体并入已有的海底管网，实现运输。

第三种方法是采用液化法进行储运。将海洋可燃冰开采气体在试采平台上通过低温方法直接液化，以液化天然气方式进行储运。

目前，海洋可燃冰的开发仍处于试开采初期，对于可燃冰产出气体的远程运输研究尚处于起步阶段，为满足可燃冰商业化开采的需求，必须加大对后期天然气储运技术的研发。

74. 如何正确看待我国海洋可燃冰的开发前景?

2017 年，我国首次在南海神狐海域成功地进行了可燃冰试采，在国际上成为可燃冰勘探开发的并跑者。如何正确看待我国可燃冰的开发前景呢？我们还需要审慎乐观、缜密思考。

（1）可燃冰具有分布广、资源量大的特点，这是许多国家开展可燃冰调查研究的主要动力。从经济角度看，人们更看重的是有多少可燃冰资源能被开发利用。因此，我国下一步应该重点关注的是可燃冰的可开采资源量，同时不断提高技术水平，将可燃冰资源量转化为可采储量。

（2）试采成功意味着在现有技术条件下可以成功开采出可燃冰，并没有考虑经济成本。目前看来，可燃冰要实现商业化开采还有很长的路要走，急需颠覆式的开发技术革命，降低开采成本，使投资可燃冰开发的企业真正做到有利润可得。

（3）要实现可燃冰的商业化开采，还需要考虑开采过程中面临的环境效应问题，这也是急需解决的技术瓶颈。因此，针对不同类型的可燃冰储层，研发高效、安全、环保的开采技术工艺，是可燃冰商业化开发的必经之路。

◆ 从海底到家里的煤气灶，可燃冰产业化进程还有很长的路要走

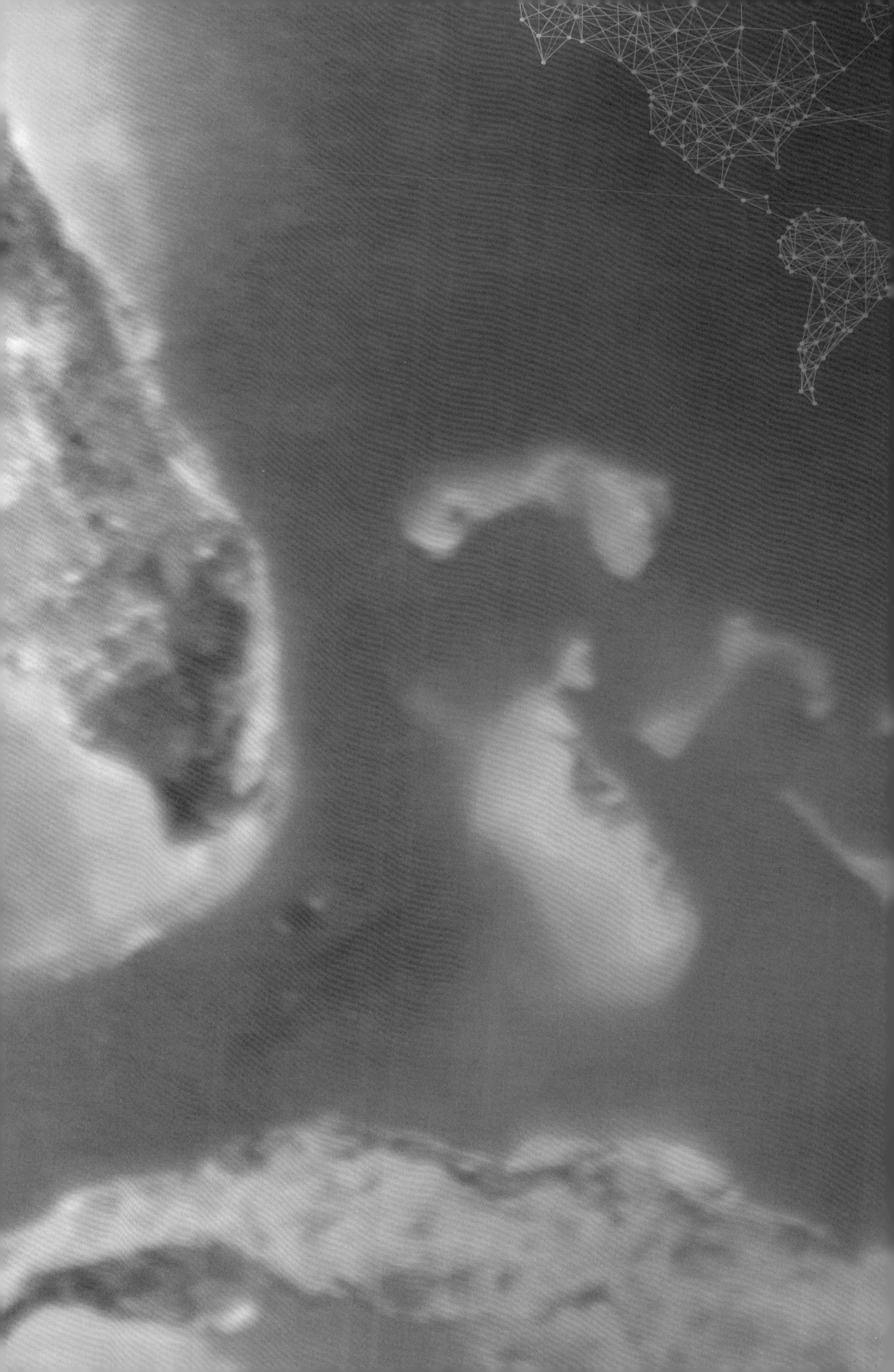

六、可燃冰环境效应

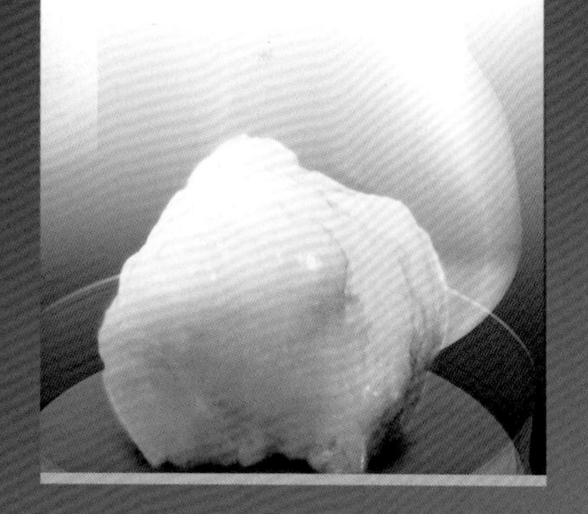

海底滑坡和天坑，
生物气候起效应。
魔鬼三角千年谜，
诸事皆因可燃冰。

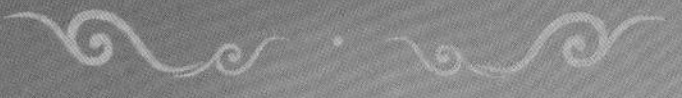

75. 海洋可燃冰分解可能引起哪些自然灾害?

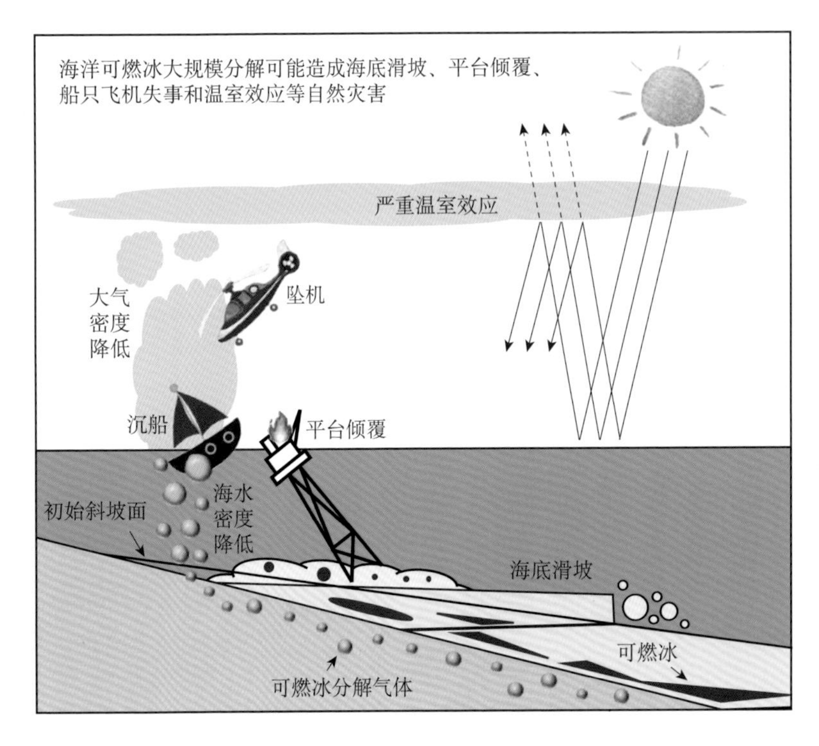

如果海洋可燃冰大规模分解，产生大量的天然气会穿过地层、海水进入大气中，可能造成一系列的自然灾害，如海底滑坡坍塌、飞机轮船失事及温室效应增强等。

首先，如果海底地层中可燃冰大量分解，地层将由硬变软，这样在海底斜坡的地方，地层出现不稳，上覆地层在自身重力的作用下发生滑坡，严重威胁海底电缆、海床设备及钻井平台的安全。大规模的海底滑坡还可能诱发严重的海啸，造成二次灾害。

其次，可燃冰分解产生的甲烷气通过地层进入海水，大量气泡必然导致该区域海水的密度降低，如果此时有船只进入该区域，则有可能造成沉船事故。如果可燃冰分解规模巨大，产生的大量气体进入该区域的上空，能够降低大气的密度，有可能诱发强烈的气旋，若飞机进入该区域，将会导致飞机失事，造成机毁人亡事件。

再次，甲烷是一种温室气体，其温室效应是二氧化碳的 20 余倍。因此，如果可燃冰大规模分解，大量的甲烷进入大气层中，极有可能诱发严重的温室效应，导致地球两极冰川加速融化，大面积的陆地将被海水淹没，全球生物包括人类的生存环境都要面临严重威胁。

76. 哪些海底大滑坡可能与可燃冰的活动有关?

海底可燃冰的剧烈分解可引起海底大滑坡。历史上，美国北部 Beaufort 海底滑坡、挪威近海 Storegga 海底滑坡以及美国东海岸 Cape Fear 海底滑坡等地质事件都有可能与可燃冰的剧烈活动有关。

距今约两百多万年，美国北部 Beaufort 海底发生了大滑坡。研究表明，该海域的地层中存在着大范围的可燃冰。由于海平面下降，导致了海底的压力下降、温度上升，可燃冰发生了大规模分解，由此引起了大规模的海底滑坡。

公元前六千多年，挪威近海大陆架上发生了 Storegga 滑坡，其长度达到数百千米，造成了数千亿立方米的沉积物滑动。该滑坡规模巨大，其诱因可能就是海底地震引起了可燃冰的大规模分解，产生的巨量天然气使海底上覆地层几乎处于“悬浮”状态，在自身重力和地震的共同作用下发生滑坡。

近三千年以来，在美国东海岸 Cape Fear 地区至少发生了五次海底滑坡，地层中可燃冰的大量分解是导致上述滑坡的重要原因之一。同样是因为海平面下降，导致了可燃冰失稳并大量分解。

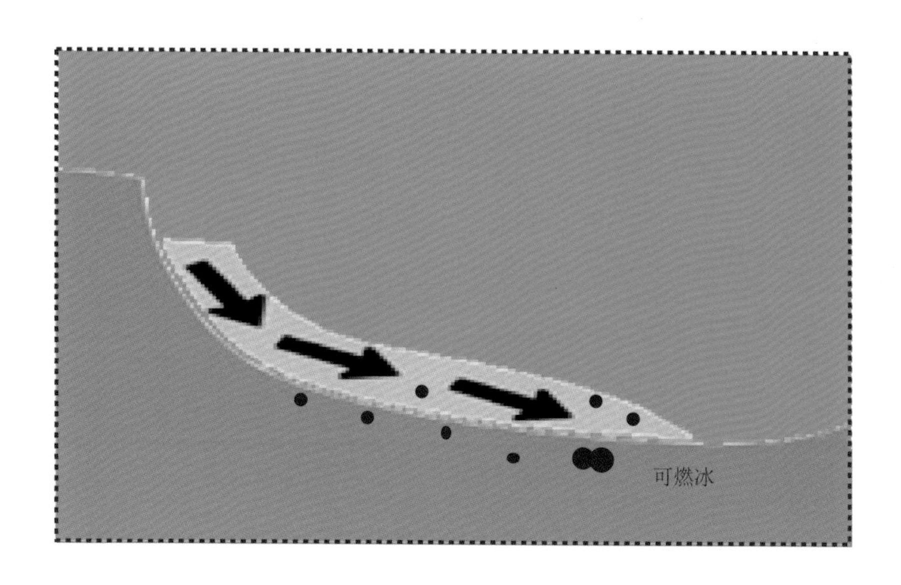

77. 哪些情况可能导致海底可燃冰的大规模分解？

海底可燃冰是在较高的压力和较低的温度条件下存在的。由于海底地层温度和压力均随其深度增加而变大，因此，可燃冰只有在一定深度范围内的地层中才能够稳定存在，这个地层范围被称作“可燃冰稳定带”。

如果可燃冰稳定带的下边界上移，将使大面积的可燃冰暴露在稳定带之外，势必导致这部分可燃冰的大规模分解。例如，全球气候变暖导致海床温度升高，而海平面下降可造成海床压力降低，这些都能导致可燃冰稳定带的下边界上移。

此外，海底地震活动可将埋藏在海底浅表层的可燃冰翻出到可燃冰稳定带之外，甚至是使其暴露在海床表面，从而引起海底可燃冰的大规模分解。海底火山爆发，滚烫的深部岩浆侵入可燃冰稳定带，温度剧烈升高同样会诱发海底可燃冰的大规模分解。

需要强调的是，只有自然界中类似于全球气候变暖、海平面下降、海底地震活动和海底火山爆发等大范围的地质环境事件，才有可能导致海底可燃冰的大规模分解，而小范围的人为因素并不会诱发海底可燃冰的大规模分解。

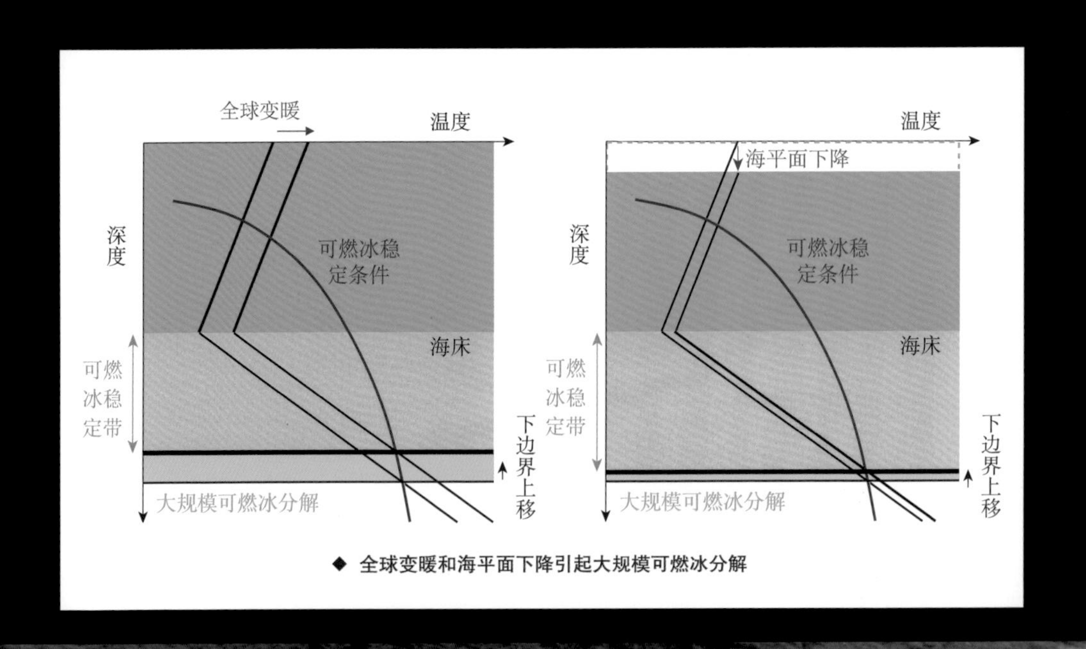

◆ 全球变暖和海平面下降引起大规模可燃冰分解

78. 为什么说可燃冰的温室效应比二氧化碳更严重?

为了比较不同温室气体的增温能力，人们通常采用“全球增温潜势”指标来衡量，英文简称为 GWP，是某种气体在一定时间范围内与二氧化碳相比而得到的相对辐射影响值。

甲烷是可燃冰分解气体的主要成分，它是比二氧化碳更强的温室气体。在等质量的情况下，甲烷气体的 GWP 是 25，而二氧化碳的 GWP 是 1；以单位分子数而言，甲烷的温室效应要比二氧化碳大 25 倍。由于甲烷分子量为 14，而二氧化碳分子量是 44，在相同体积的条件下，甲烷气体的 GWP 大约为 8，而二氧化碳的 GWP 是 1。因此，如果可燃冰分解释放大量的甲烷进入大气，将引发比二氧化碳更为严重的温室效应。

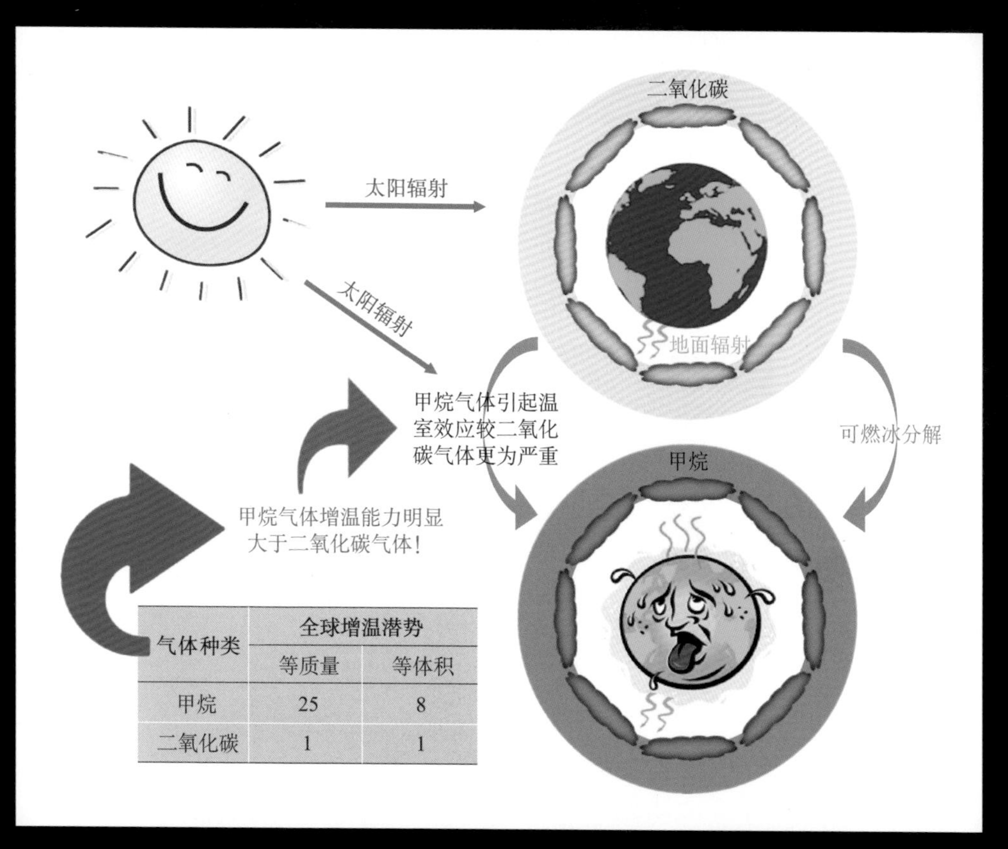

气体种类	全球增温潜势	
	等质量	等体积
甲烷	25	8
二氧化碳	1	1

79. 如何采用可燃冰技术将二氧化碳地质埋存?

二氧化碳地质埋存，是将大气中的以及工业生产排放的二氧化碳注入地层，以一定的形式封存起来，达到长期埋存温室气体的目的。

大家知道，在较低温度和较高压力条件下，甲烷分子可以与水分子结合，生成类冰状固体物质，即可燃冰，这种技术可称为可燃冰技术。二氧化碳气体和甲烷气体一样，都可以通过可燃冰技术生成类冰状物质，即二氧化碳水合物。与可燃冰相比，二氧化碳水合物可在相对高的温度和相对低的压力条件下生成，即更容易生成。

因此，采用可燃冰技术使二氧化碳气体形成固体水合物，以固体的形式埋存起来，埋存效率高，有利于降低大气中温室气体的含量，对于减缓全球温室效应起到积极的作用。需要强调的是，选择可靠的地质储层是长期封存二氧化碳的保证。这些地质储层通常渗透性差且地质结构稳定，还能具备二氧化碳水合物稳定存在所需的温度和压力条件。

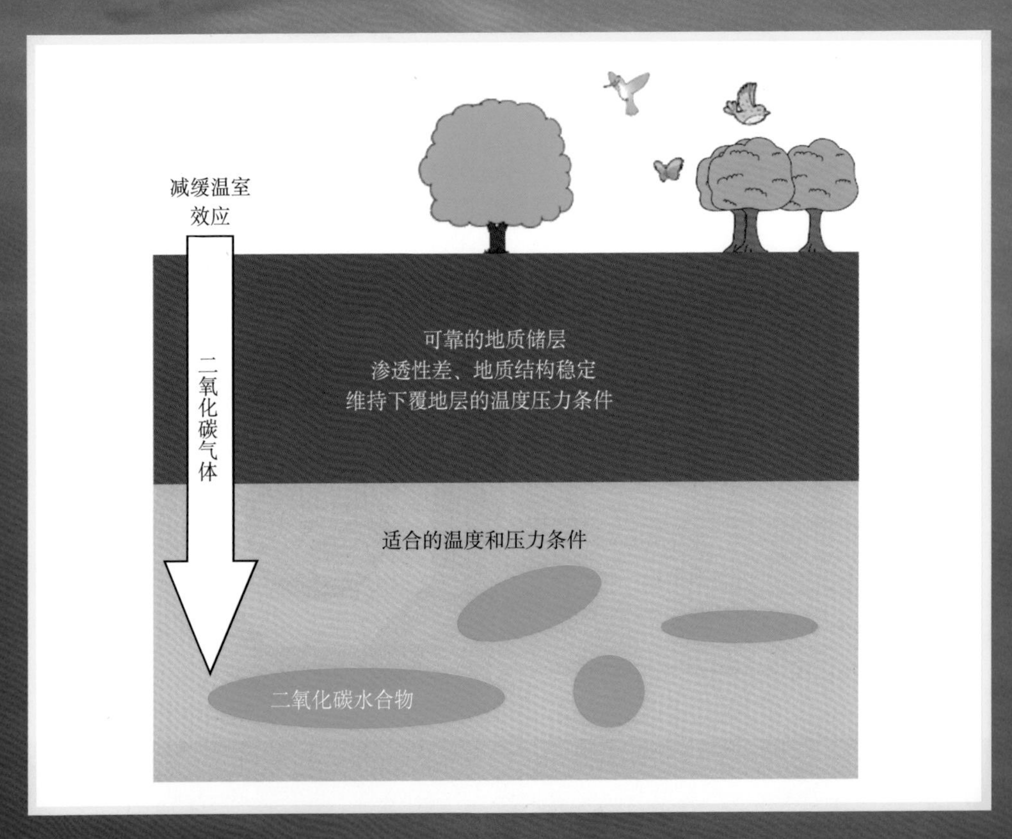

80. 可燃冰从海底释放的甲烷气能全部进入大气吗?

答案是否定的。我们知道，由海底可燃冰分解释放的甲烷气体，先后通过海底地层和上覆海水层，才能进入大气。

在海底沉积物中，特别是在海底天然气渗漏和可燃冰系统中存在一定数量的硫酸盐还原菌和古细菌，这些细菌在直接和间接消耗甲烷等烃类气体，称为甲烷厌氧氧化作用（AOM）。AOM 是海洋中的一个重要的生物地球化学过程，消耗了海洋沉积物中绝大多数的甲烷。因此，海底释放的甲烷只有一小部分可以穿越海底沉积层进入水体中。而这些进入到海水水体中的甲烷气体，又经过好氧甲烷氧化菌的作用，发生甲烷的好氧氧化变成为二氧化碳，最终只有不到 10% 的甲烷能够进入大气。

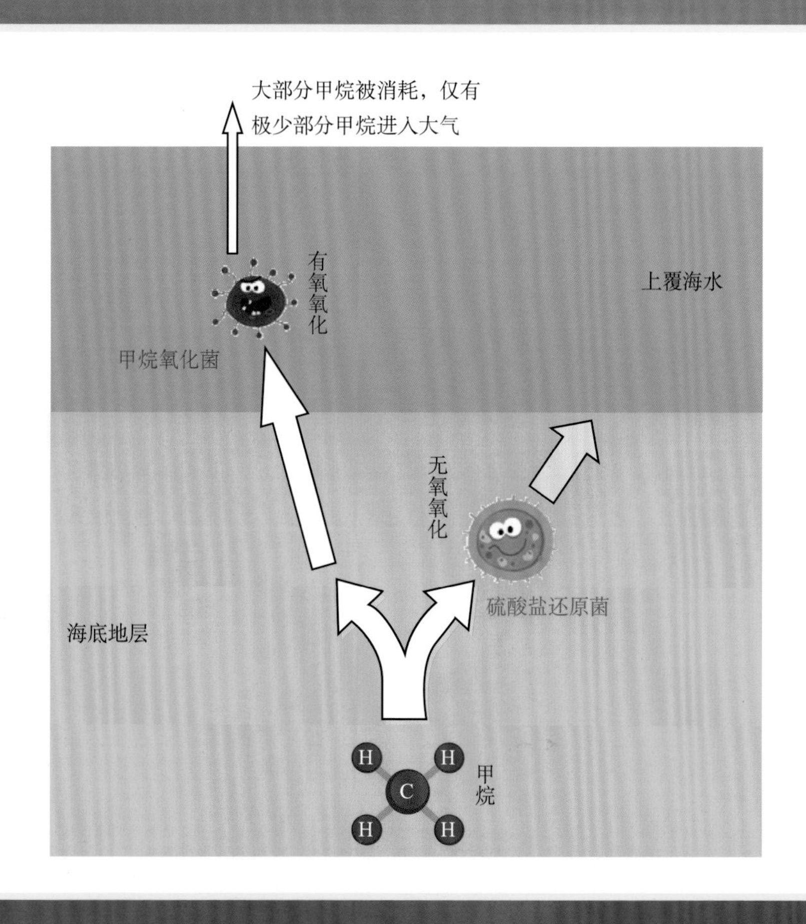

81. 可燃冰分解释放的气体对海洋生态系统有哪些影响?

可燃冰分解释放的气体主要是甲烷，它对海洋生物的影响好坏并存。一方面，可燃冰分解释放的甲烷气为深海生物群落提供足够的养料，犹如深海“沙漠”中的“绿洲”，对海洋生物产生积极的影响。另一方面，甲烷在含可燃冰地层以及上覆地层的无氧环境中，硫酸盐与甲烷共消耗，甲烷反生无氧氧化反应，产生无机碳和挥发性硫，会改变沉积物中有机质的组成分布特征，并产生一系列特殊生物标记物，对海洋生态系统碳及硫的生物地球化学循环产生重要的影响。同时，在海水有氧环境中，甲烷在细菌的作用下发生好氧氧化反应，产生二氧化碳的同时消耗氧气，区域性海水缺氧会导致好氧生物群落萎缩，对海洋生态系统产生消极影响。

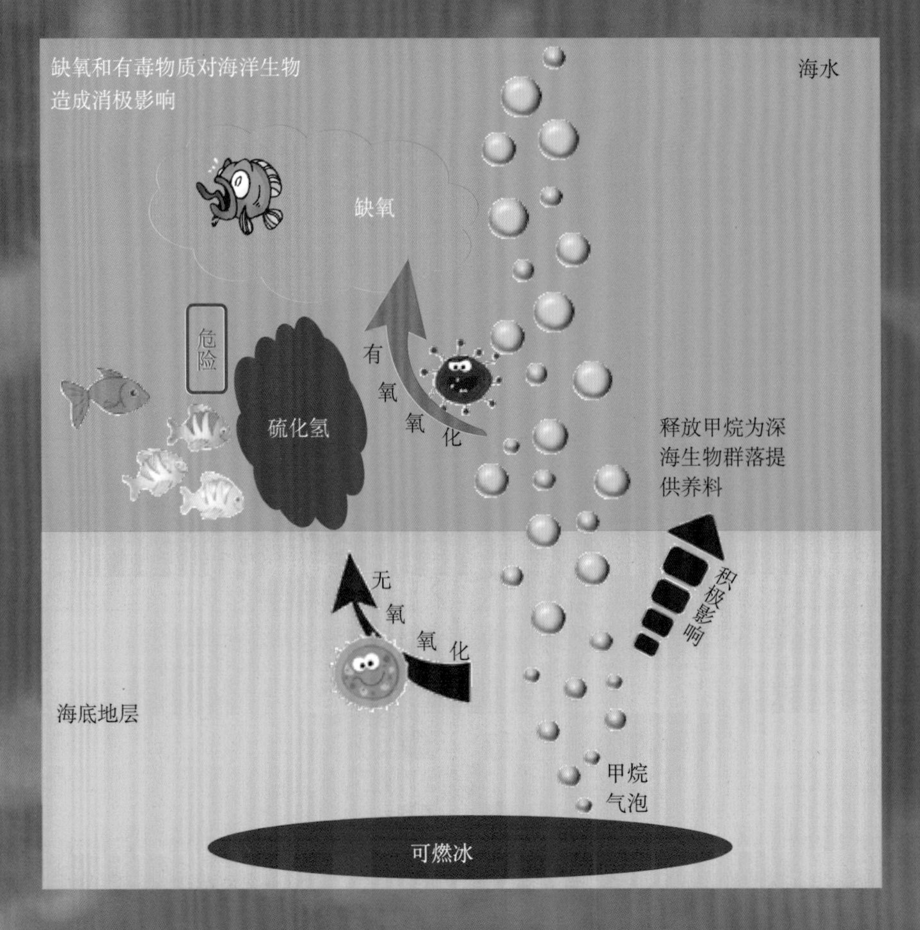

82. 百慕大沉船之谜与可燃冰有关系吗?

所谓百慕大三角，是指北起百慕大群岛，南到波多黎各岛，西至美国佛罗里达州的一片三角。在这个地区，已有数以百计的船只和飞机失事，数以千计的人在此丧生，被称之为魔鬼三角。据说，这些神秘事件的发生可能与可燃冰的大量分解有关。

英国地质学家、利兹大学的克雷奈尔教授认为：造成百慕大海域经常出现沉船或坠机事件的元凶是海底可燃冰。当海底发生猛烈的火山地震活动时，或者当海平面下降时，又或者当全球气候变暖时，可燃冰的稳定条件均会被破坏，导致其大量分解，产生的气体逸出海底地层而进入海洋中，使海水密度降低而失去原来的浮力。恰逢此时经过这里的船只，就会像石头一样沉入海底。同时，大量的气泡逸出海面，会在空中形成天然气密集区，导致该区域大气密度降低而降低了原有的浮力。如果此时正好有飞机经过，也会像石头一样掉进海底。如果天然气遇到灼热的发动机，还可能发生飞机燃烧爆炸，造成机毁人亡的惨剧。

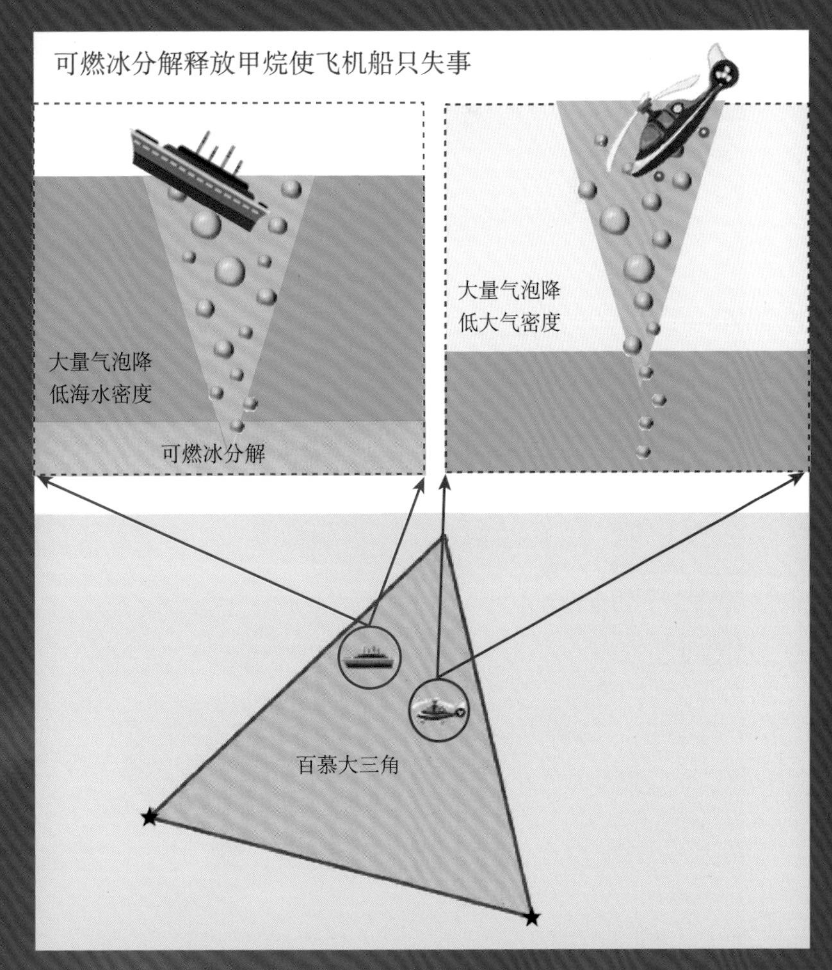

83. 西伯利亚天坑与可燃冰分解有关系吗？

2014 年 7 月 21 日，在俄罗斯西伯利亚亚马尔半岛突然出现了一个神秘巨洞，洞深大约 70 米，直径约为 30 米，洞口边缘颜色较暗，洞底部有一个冰湖，这个神秘巨洞被人们称为“末日天坑”。2015 年 2 月，俄罗斯西伯利亚亚马尔半岛又出现 4 个类似的神秘巨洞。目前，已知出现了 7 个超级巨坑，外加几十个较小柱坑。

美国地球物理学家罗曼诺夫斯基认为，这些神秘巨洞是全球变暖的结果，它可能与地层中大量可燃冰的分解有关。原来，由于气候变暖而导致俄罗斯西伯利亚的永久冻土层温度升高，致使这些地层中的可燃冰分解释放出大量气体。可燃冰分解气体极有可能在这些地层中聚集，导致孔隙压力急剧升高，达到一定程度之后就会冲破上覆冻土层的束缚而发生爆炸，炸出神秘的“末日天坑”，其暗黑色洞口正是气体爆炸灼烧的产物。

西伯利亚天坑

西伯利亚天坑可能与可燃冰分解有关，其释放气体在地层中聚集后发生爆炸，炸出了神秘的“末日天坑”

84. 第三次生物大灭绝与可燃冰有关系吗?

第三次生物大灭绝事件发生于二叠纪末期，又称二叠纪大灭绝。这次事件导致超过九成的地球生物灭绝，使得占领海洋近三亿年的主要生物从此衰败并逐步消失，生态系统彻底更新。它为恐龙类等爬行类动物的进化铺平了道路，是地球历史从古生代向中生代转折的里程碑。

可燃冰分解极有可能是导致第三次生物大灭绝的重要原因之一。研究表明，二叠纪末期的碳同位素比例（^{13}C：^{12}C）发生了明显的减小。虽然火山爆发和生物活动降低等因素能够降低碳同位素比例，但都不足以引起二叠纪末期如此明显的碳同位素比例减小。然而，由于甲烷具有较低的碳同位素比例，大量甲烷气体的出现最有可能导致二叠纪末期如此明显的碳同位素比例减小。在二叠纪末期浅海地层中可能蕴含着丰富的可燃冰，在海底火山、地震等地质活动作用下发生分解，进而释放出大量的甲烷，造成严重的温室效应。实际上，二叠纪末期全球气温确实明显上升，温室效应非常严重，这在一定程度上反映了可燃冰分解地质事件的真实性。

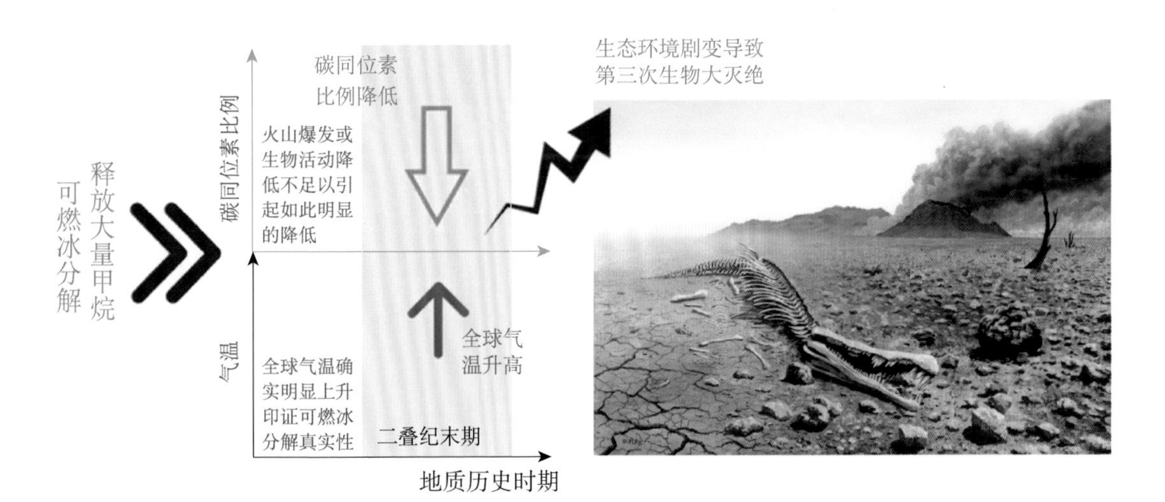

85. 白垩纪大洋缺氧事件与可燃冰有关系吗？

十九世纪，英国“挑战者”号调查船发现，海底浅表层广泛分布红黏土，这说明海底浅表层富含氧。二十世纪，美国“格洛玛挑战者”号深海钻探船发现，在海底红色浅表层之下广泛分布的是富含有机质的黑色沉积物，说明当时的海洋处于缺氧状态。由于这些黑色沉积物形成于白垩纪中期，这一事件被称为白垩纪大洋缺氧事件。

白垩纪大洋缺氧事件很可能与海底可燃冰的大量分解有关。海底可燃冰分解释放的甲烷会在微生物的作用下变成二氧化碳，此过程需要消耗大量的氧气，导致海水缺氧。如果可燃冰分解释放的甲烷进入大气，还会引起强烈的温室效应，气温升高使海洋微生物更加活跃，也需要消耗海洋中的氧气。此外，全球气温升高还会导致海洋能量交换放缓，海水相对静止而分层，进一步促进了大洋缺氧事件的发生。

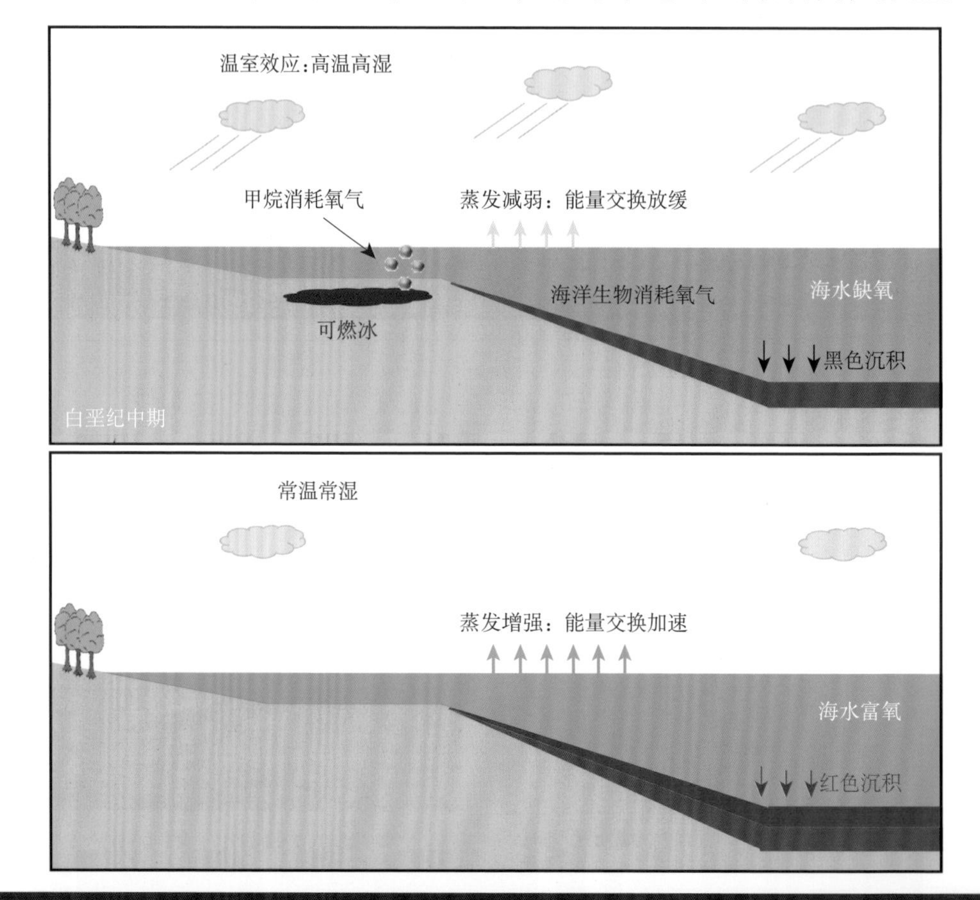

86. 可燃冰开采会对地层产生什么影响?

可燃冰开采会造成地层出砂、井口坍塌和海床沉降等问题。降压法开采使可燃冰在地层中分解为气体和水，大量的气体和水在压差作用下排入开采井，进而产出至海面开采平台上。在此过程中，地层砂土在水气作用下发生运移，如果降压幅度过大，会导致严重的地层出砂问题，造成开采设备损毁等事故。开采井的周围地层中可燃冰分解后，地层骨架之间的胶结能力被削弱，地层强度明显降低。因此，开采井的周围地层在开采初期会出现漏斗状的沉降，造成井口坍塌等事故。随着可燃冰开采的进行，地层中可燃冰分解范围不断扩展，更大范围内的地层发生软化。因此，长期的可燃冰开采极有可能诱发大范围的海床沉降等事故。此外，如果含可燃冰地层存在一定的坡度，可燃冰分解导致地层孔隙压力增高，进而引起海床液化和区域性海底滑坡等工程地质事故。

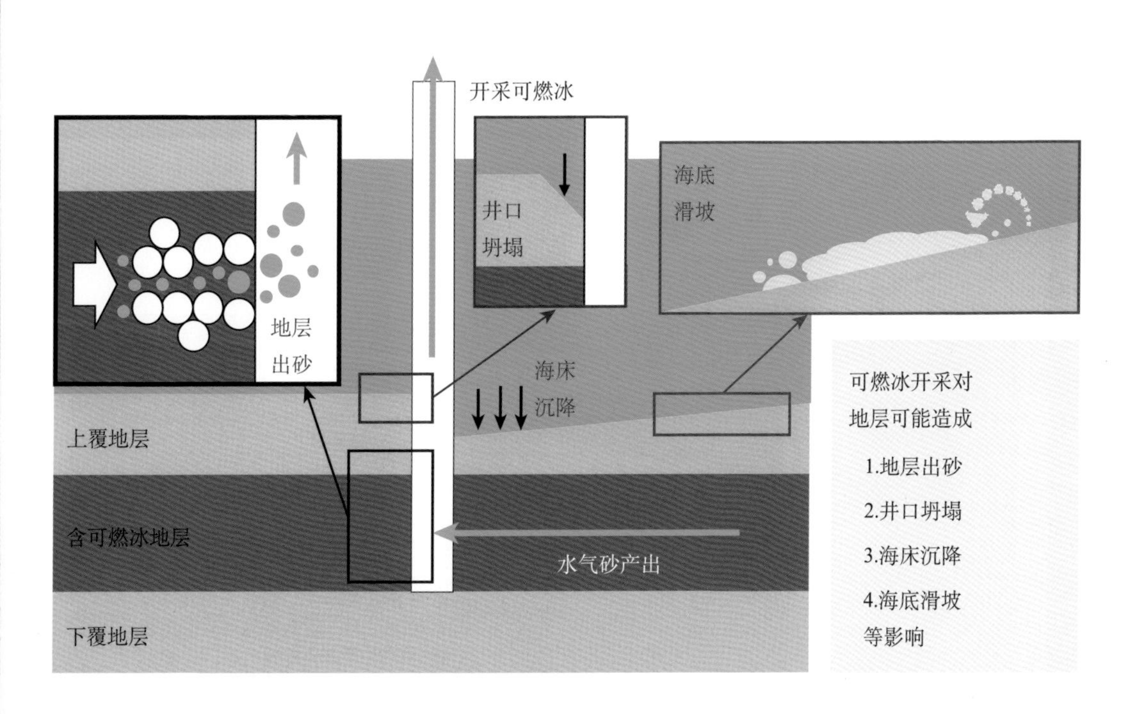

87. 可燃冰开采过程中需要监测哪些环境参数的变化？

可燃冰开采可能诱发海床沉降、海底滑坡、平台倾覆和甲烷泄露等工程地质灾害，对人员、设备，以及生态环境造成威胁。因此，在进行可燃冰开采过程中，十分有必要开展全方位的环境参数监测，防控于未然，保障可燃冰的安全、可控开采。

实际上，环境监测是可燃冰开采的重要组成部分，能够获得开采方案优化、灾害防治措施和开采流程精确调控所需的基础数据。环境参数主要分为物理、化学和生物三个类别。在物理环境参数方面，重点关注对象是反映海底地层稳定性的孔隙压力、地层应力和沉降变形等参数，而可燃冰分解范围也是重要的物理环境参数，有利于准确把握可燃冰开采的环境影响范围。在化学环境参数方面，重点监测开采井的附近海水中甲烷、氧气和盐分浓度等参数，能够实时反映可燃冰开采对海洋环境的影响程度，也能够作为判断甲烷是否泄露的指标。在生物环境参数方面，重点关注开采井附近海水中生物种类和数量等参数，有利于保障海洋生物群落的安全，落实绿色开采可燃冰的指导思想。

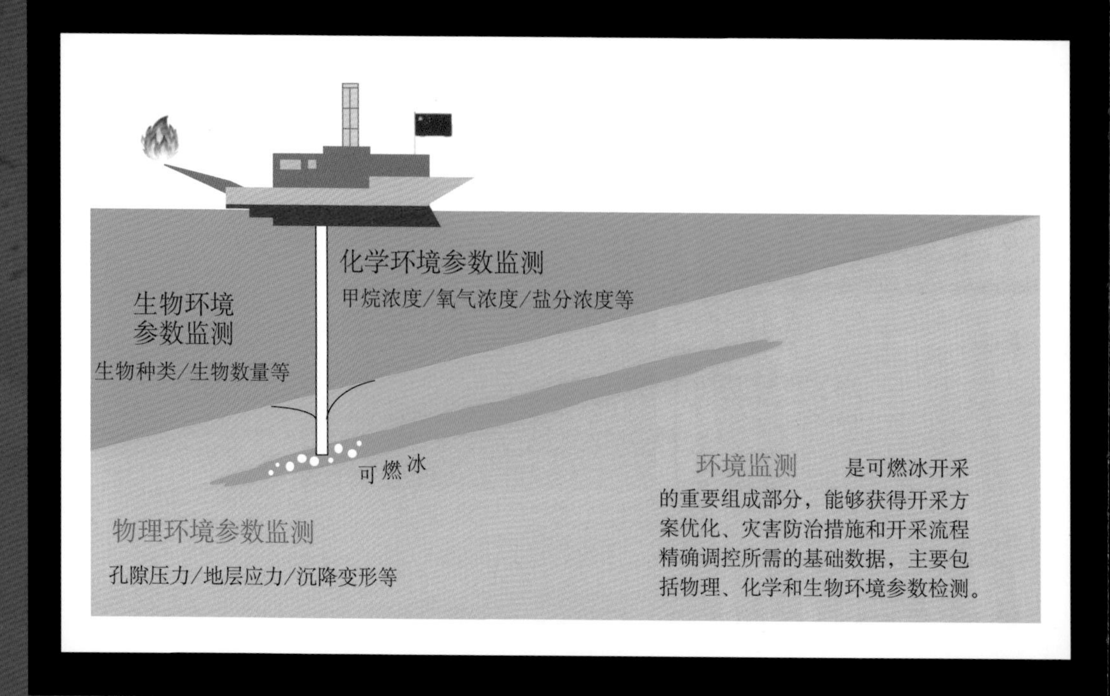

88. 如何减小可燃冰开采对其区域内海底环境的破坏？

可燃冰开采有可能诱发井壁坍塌、海底沉降、平台倾覆和海水酸化等工程地质环境灾害，对其区域内海底环境构成严重的威胁。

实施全方位无间断的多参数监测，是减小可燃冰开采对海底环境破坏的首要措施。重点监测开采井的井径尺寸、地层出砂量、海底沉降、孔隙压力、海水中甲烷浓度等参数的变化，全方位掌控可燃冰开采的进程，实时预警开采过程中可能诱发的各种环境灾害。

建立完备的突发事件应急预案，是减小可燃冰开采对海底环境破坏的重要保障。如果在开采过程中发现了参数异常，要及时分析原因并逐个排查，启动应急预案，保证及时发现问题并解决之，将可燃冰开采可能诱发的环境灾害扼杀在摇篮之中。

掌握工程地质灾害的诱发机理，是减小可燃冰开采对海底环境破坏的技术支撑。针对可燃冰开采可能诱发的工程地质灾害，开展相应的科学研究工作，在掌握了其诱发机理的前提下，制定经济有效的防护措施，最大程度上减小可燃冰开采对其区域内工程地质的影响。

减小可燃冰开采的海底环境破坏

89. 开发利用可燃冰能否降低大气中 $PM_{2.5}$ 含量？

$PM_{2.5}$ 是指大气中空气动力学当量直径小于等于 2.5 微米的颗粒物，它能够长时间悬浮于空气中。这种细颗粒物在空气中的含量浓度越高，就代表空气污染越严重。与较粗的大气颗粒物相比，$PM_{2.5}$ 的粒径更小，表面积更小，活性更强，更易附带重金属和微生物等有毒、有害物质，在大气中的停留时间长、且输送距离远，对人体健康和大气环境质量造成了严重的影响。煤炭、石油等化石燃料在我国的能源结构中占据主导地位，其燃烧产生的大量粉尘颗粒是 $PM_{2.5}$ 的主要来源之一。

可燃冰的主要成分是天然气，其燃烧后仅产生二氧化碳和水，被认为是一种“清洁能源”，对于降低大气中的 $PM_{2.5}$ 含量具有积极的作用。如果能够实现可燃冰的商业开采，我国的天然气产量必然增加。新增的天然气资源促进国家能源结构调整，降低传统煤炭在能源供给中的比例，将有望大幅度减少煤炭燃烧粉尘颗粒的大气排放量，进而在很大程度上缓解 $PM_{2.5}$ 问题。

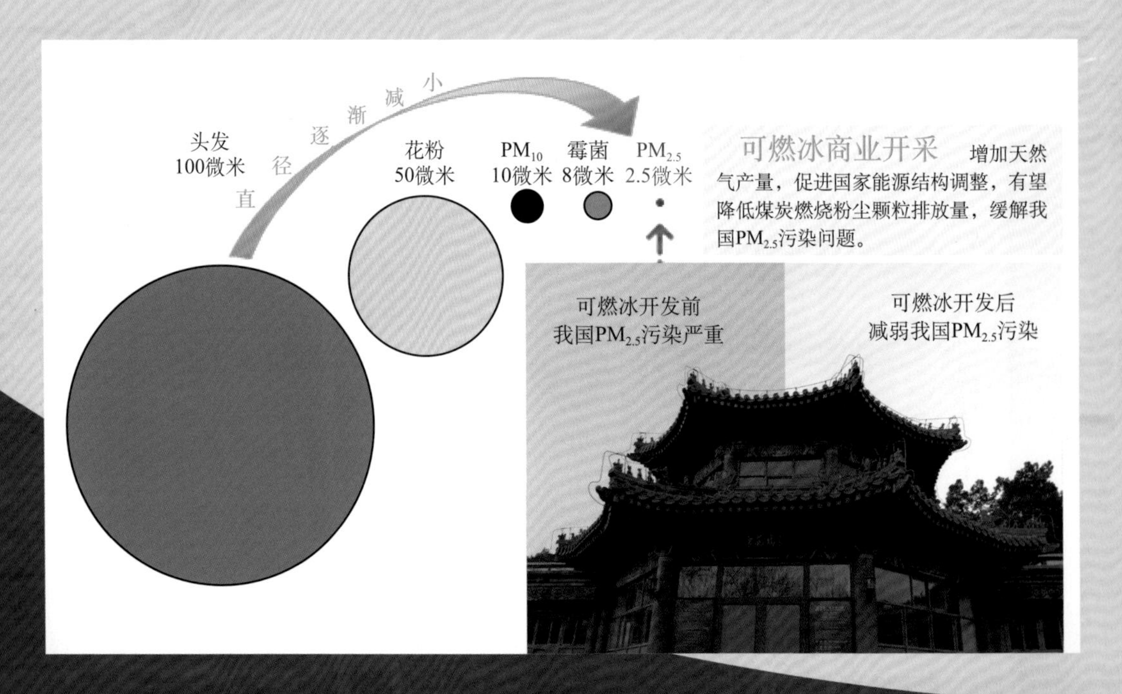

90. 可燃冰对寒冷地区油气输送管道有何危害？

寒冷地区的温度低，在此环境中进行高压油气输送，将面临可燃冰堵塞管道并导致控制设备失灵等问题，危害非常严重。我们知道，可燃冰由天然气和水在较低温度和较高压力的条件下生成。如果寒冷地区的油气输送管道中混有水分，在阀门以及管汇等气体压力升高区域，极有可能生成可燃冰，再经历一定时间聚集之后，就会堵塞管路。

理论上，只要确保油气输送管路中无水，就能够从根本上杜绝可燃冰的生成，但是这种理想的无水条件在实际的油气输送工程中是无法实现的。确保油气输运在可燃冰的相平衡温度和压力条件之外进行，是避免管路中形成可燃冰的必然措施。

在实际工作中，人们在油气输运管路中添加化学抑制剂来防止可燃冰堵塞管道。化学抑制剂主要是热力学和动力学抑制剂，可改变可燃冰的相平衡条件而抑制油气输运管路中可燃冰的生成，进而达到防堵的目的。

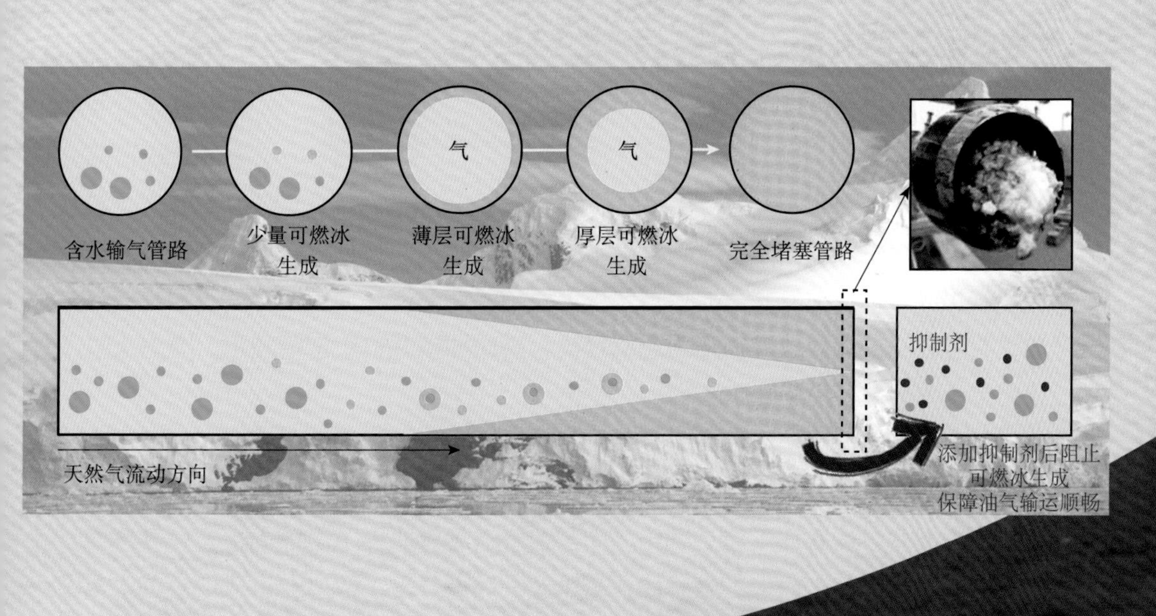

91. 可燃冰对常规油气开采过程有何危害？

井喷，是一种地层中流体喷出地面或流入井内其他地层的现象。如果地层中的油或气流入井筒内并无控制地喷出地面就发生了井喷。井喷往往伴随着有毒气体，还有可能发生爆炸，对环境和人体造成严重危害。

诱发井喷事故是可燃冰对常规油气开采造成的危害之一。油气藏上覆地层中有可能蕴藏着丰富的可燃冰，如果这些可燃冰在油气资源开采过程中发生分解，将导致井壁周围地层中以及钻井液中聚集大量天然气。大量的天然气聚集极有可能导致井内压力急剧增高，瞬间冲破井口束缚而喷出，遇到火星还会瞬间发生大火甚至爆炸。

可燃冰堵塞油气输运管路是另外一种危害。油气输运管路中很难保证没有水分，在深海高压环境和冻土低温环境下，这些水分将会与管路中天然气生成可燃冰，聚集之后会堵塞油气输运管路。如果油气输运管路因可燃冰而堵塞，管路内压力急剧升高，随之而来的是管路泄露以及管路爆炸等事故，会造成严重的人员伤亡以及巨额的经济损失。

92. 墨西哥湾漏油事件与可燃冰有何联系?

2010 年 4 月 20 日，英国石油公司在美国墨西哥湾租用的“深水地平线”钻井平台发生爆炸，导致石油泄漏近三个月，酿成一场经济和环境的双重惨剧，美国总统奥巴马曾经将此灾难比作环保界的“911”事件。灾难发生后，英国石油公司采用了九种方法进行救援，分别是专家总动员法、及时清污法、机器人水下关井法、“金钟罩”法、“大礼帽”法、安装吸油管吸油法、灭顶法、切管盖帽法和钻井救援法。在这九种武器中，“金钟罩”法和“大礼帽”法的失败均是因为可燃冰。

“金钟罩”法是采用一个顶部开孔的钟形控油罩将海底漏油点罩住，将原油从顶部通过油管疏导到海面油轮。但是这个重约 125 吨的控油罩在即将抵达漏油点时，却停止了下沉。这是为什么呢？首先让我们来看一个深海实验：通过水下机器人在 1000 米水深的海底放置一个玻璃容器，其中充满了约 4 ℃的海水；采用机械手臂先后三次向玻璃容器内注入天然气，在气泡表面迅速生成了可燃冰，大量的可燃冰聚集在一起，形成了大块状的可燃冰，并且其体积随着注气次数的增加而变大，直到充满了整个容器。原来，在“金钟罩”的下沉过程中，深海中的洋流裹挟着原油和天然气进入了控油罩，天然气在深海的低温、高压环境下形成了可燃冰，堵塞了控油罩顶部的输油口，进而导致了此方法的失效。随后，英国石油公司又打造了比“金钟罩”体积更小的“大礼帽”控油罩，在其下沉过程中注入甲醇，企图抑制可燃冰的生成，然而治标不治本，同样未能控制漏油。

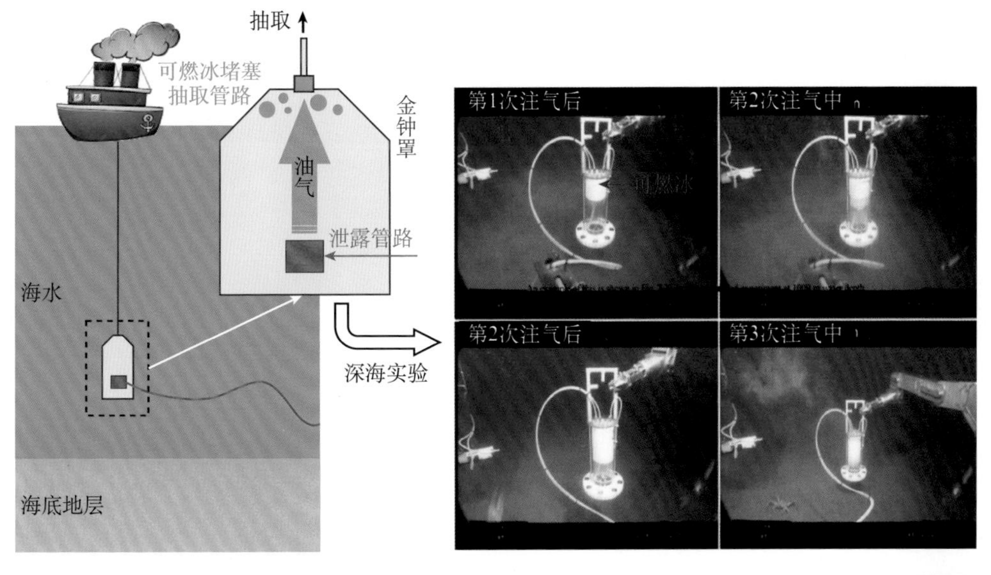

七、可燃冰技术应用

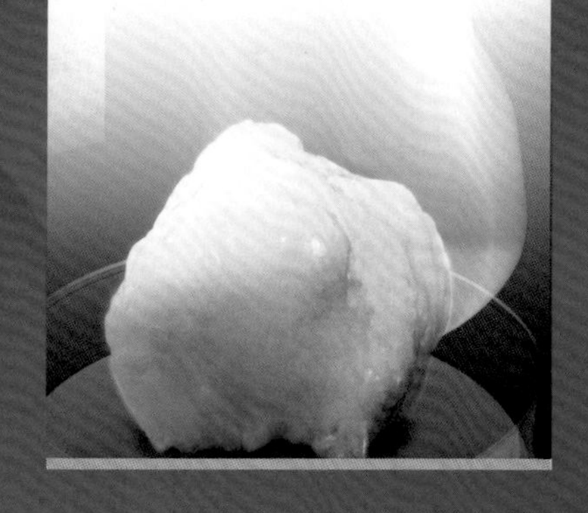

人工制备可燃冰，
工业民用皆可行。
储运蓄能加提纯，
除杂去污技术精。

93. 如何将可燃冰技术应用于天然气的储运中?

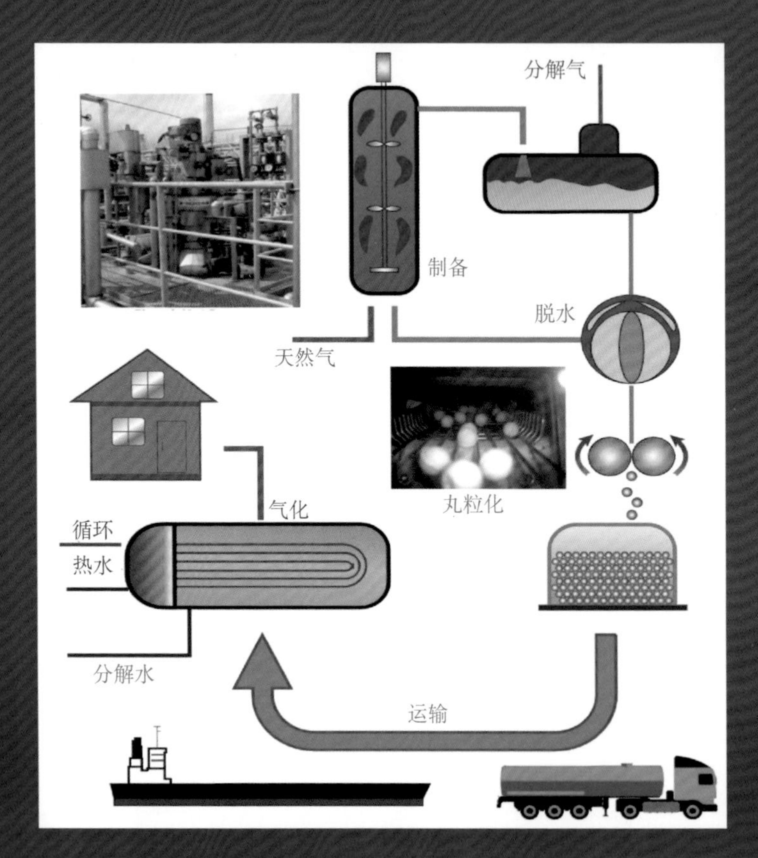

常温、常压下，单位体积可燃冰能够释放160多倍体积的天然气，因此，可燃冰类似于一种特殊形式的压缩型天然气。我们知道，将天然气分子与水分子在高压、低温的条件下可以生成固态可燃冰，如果我们充分地掌握了可燃冰制备技术，能够将天然气通过一定的工艺快速、高效地制成可燃冰固体，可以极大地压缩天然气的体积，提高天然气储存与运输的效率。

要将可燃冰技术应用于天然气储运中，需要在可燃冰的快速生成技术、安全储运技术和高效分解技术等方面下功夫，降低投入成本，提高工作效率。其中，快速生成技术是关键，决定着可燃冰储运技术能否大规模应用。如何提升可燃冰的生成速率?实质上就是要增加天然气和水的接触面积，通过强化反应过程的传质传热来促进其快速生成。我们可以通过搅拌、雾化和超声等机械强化手段，以及添加表面活性剂等化学强化手段来实现。安全储运技术是保障，固体可燃冰储运的安全性远高于高压气体、液化气，有着无可比拟的安全性优势。将可燃冰运送到储气站或终端后，还需要有安全、高效的分解技术，再将可燃冰气化成天然气供用户使用。总之，采用可燃冰储运天然气不仅储运能力大大加强，而且具有储运条件温和、安全性高的优点，有广阔的应用前景。

94. 可燃冰储运天然气技术有望在哪些领域得到应用?

可燃冰储运天然气技术具有条件温和、安全性高、储运力强和灵活方便等特点，非常适合零散的、小规模的、定制化的天然气储运。因此，有望在以下领域得到应用。

（1）偏远分散天然气的储运。对于一些偏远地区的分散天然气田，以及海上小气田，其产量通常较低，铺设专用输气管道难以收回成本。采用可燃冰储运技术能够降低成本，提升此类气田开采经济性。

（2）非常规天然气的储运。煤层气、页岩气等非常规天然气田多数具有资源分布不均、储量规模不大、稳产能力较差等特点。采用可燃冰储运技术能够化整为零，提升此类气田开采灵活性。

（3）可燃冰开采天然气的储运。我国可燃冰资源量大，但分布不匀，开采的天然气日产气量不高，单井的连续产气时间不太长，因此，不适合铺设海底输气管道。采用可燃冰储运技术能够减少可燃冰开采投入，降低开采门槛，避免铺设海底输气管道带来的生态环境破坏。

（4）城市天然气调峰。将城市用气低谷期的天然气制备成可燃冰储备起来，将其在用气高峰期分解释放天然气，作为城市天然气调峰的补充手段。

（5）边远地区供气。边远地区用气量有限，铺设输气管路的成本太高，且容易泄露。采用可燃冰储运技术能够灵活方便地满足边远地区用气需求，甚至能够提供火锅或烧烤用气的私人定制化服务。

总之，可燃冰储运技术为天然气的储运提供了一种全新的思路，能够满足小而散的天然气个性化储运需求，有利于提高我国天然气的综合利用水平。

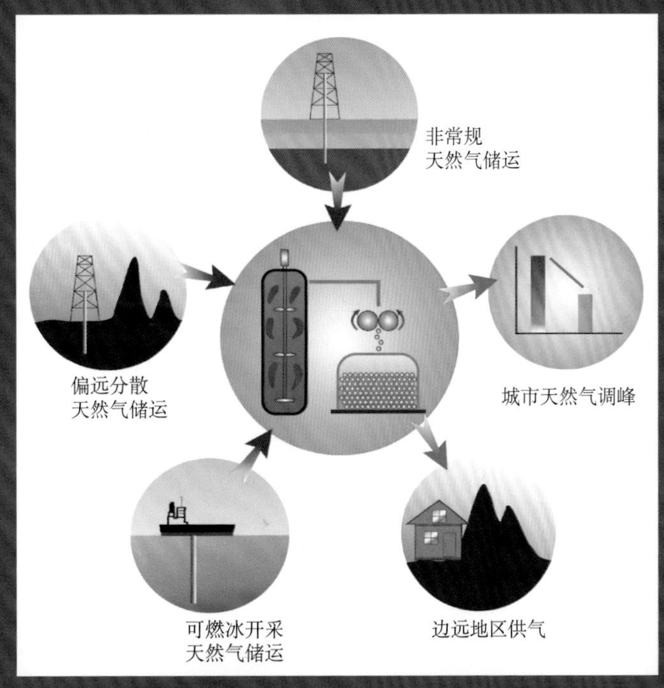

95. 可燃冰技术能否用于氢能源储存?

可燃冰是一种笼型水合物，气体分子被封存在水分子形成的“笼子”中。氢气分子直径很小，毫无疑问地能够进入到可燃冰的“笼子”里。因此，固体可燃冰可以作为一种氢能源的储存介质。

可燃冰的种类很多，只有选择合适的可燃冰介质，才能在较为温和条件下实现氢能源的储存。目前，利用可燃冰介质储存氢气技术尚处于实验室研究阶段，一旦成功，将具有以下优点：(1) 存储介质绿色环保，成本低廉。当氢气从可燃冰中释放出来时，唯一的副产品是可重复利用的水。(2) 可燃冰形成和分解时的速度较快，能够快速实现氢气的储存与释放。(3) 氢气以分子的形式在可燃冰介质中存储，在整个吸收与释放过程中没有发生化学反应。(4) 反应条件相对温和。在十几个大气压下，可燃冰吸收和释放氢气所需的温度基本在常温范围内。

随着科学技术的不断进步，将能制备更为合适的可燃冰介质，实现在更为温和条件下储氢，并不断提高氢能源密度，使可燃冰储氢成为一种经济、环保、高效的新型储氢方式。

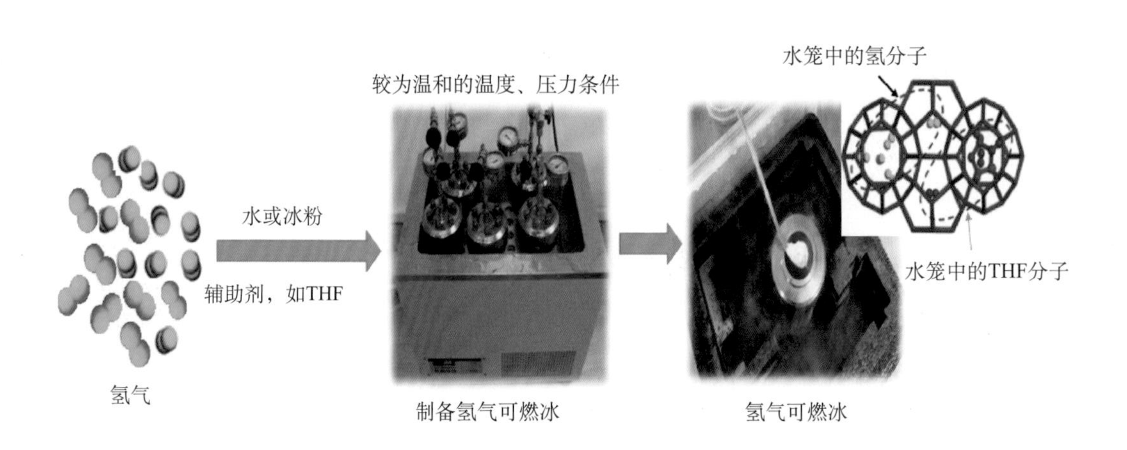

96. 利用可燃冰技术进行蓄冷的工作原理是什么?

天然气和水生成可燃冰的过程中释放热量，而可燃冰分解为天然气和水的过程中吸收热量，也就是说，可燃冰的形成与分解是一个相变过程，同时伴随着大量能量的吞吐。因此，可燃冰技术可以应用于制冷行业，如蓄冷空调等。

基于可燃冰技术，可以制备蓄冷浆体（介质），即蓄冷空调领域比较热门的蓄冷和冷量输送材料。可燃冰作为蓄冷介质，又称“暖冰”，相比于其他常规蓄冷介质（水、冰、共晶盐），它具有很多优点：相变温度为 5 ～ 12 ℃，可以与常规空调系统结合，而且不影响制冷机组的工作效率；蓄冷介质的相变潜热大；在工作过程中换热性能好；长期使用不会老化等。

可燃冰蓄冷空调如何工作呢？其原理很简单，主要是在传统中央冷水蓄热式空调的通路上，设置一个可燃冰浆体制备装置实现热量的输运。可燃冰蓄冷空调接收制冷机提供的冷水，用于生成具有足够热密度的可燃冰浆料，在泵的作用下通过管道输送至室内空调用热交换机，与空气进行热交换后恢复为水溶液状态，再返回至制备装置。如此的循环往复，使空调达到节能制冷的效果。

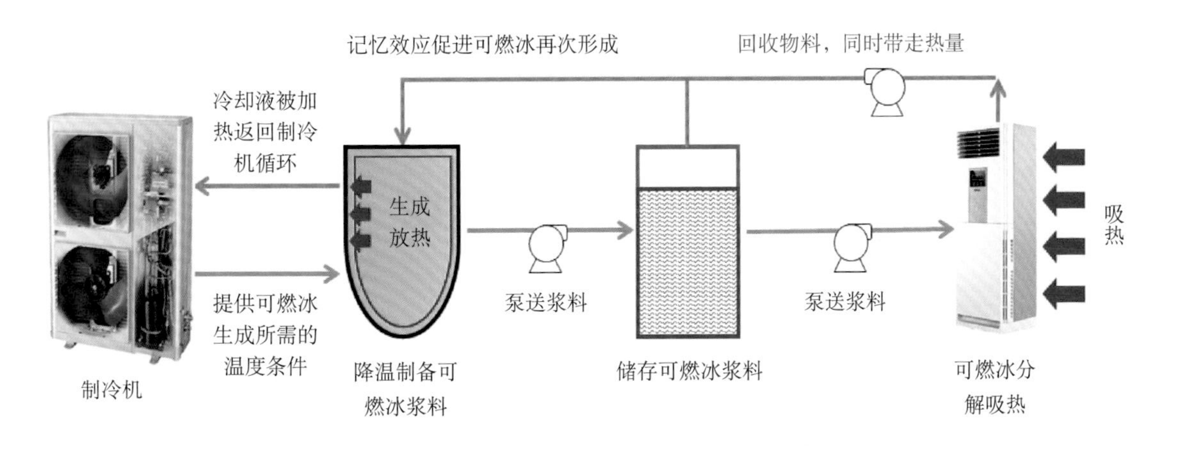

97. 可燃冰作为一种固体燃料有优势吗？

可燃冰是一种可以燃烧的固体物质，那它是不是一种很有优势的固体燃料呢？在回答这个问题之前，让我们先看看可燃冰热值的大小。热值是指燃烧一定体积或质量的燃料所能释放出的热量，是评价燃料优劣的一个重要指标。将可燃冰热值与固体酒精、液化天然气等常见燃料的热值进行对比，就能够获得答案。

我们知道，可燃冰的主要成分是甲烷，常温、常压条件下，1 立方米的可燃冰分解能够释放出约 164 立方米的甲烷和 0.8 立方米的水。已知甲烷的热值约为 35.9 兆焦 / 立方米，那么 1 立方米的可燃冰燃烧放出的热量约为 5888 兆焦。可燃冰密度约为 900 千克 / 立方米，因此，可换算出可燃冰的热值约为 6.5 兆焦 / 千克。

固体酒精并不是固体状态的酒精，而是一种由工业酒精及添加剂等组成的混合物。其中，工业酒精所占比例通常介于 65% ～ 85%，工业酒精热值约为 25.8 兆焦 / 千克，那么固体酒精的热值为 16.7 ～ 21.9 兆焦 / 千克。

液化天然气主要成分为甲烷，还有少量的乙烷、丙烷等其他气体。因产地不同，其热值略有差异。一般取液态热值 12000 千卡 / 千克，约为 50.2 兆焦 / 千克。

通过上述分析不难发现，可燃冰热值约为固体酒精热值的三分之一，液化天然气热值的八分之一。因此，可燃冰的能量密度并没有想象的那么高，从热值上看，可燃冰与固体酒精、液化天然气等常规固体燃料相比没有优势。

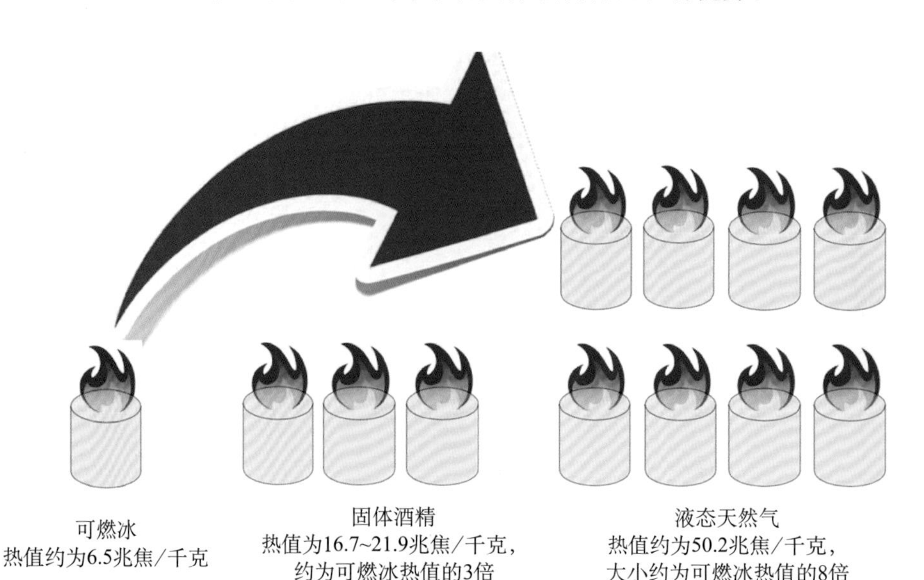

98. 可燃冰技术在海水淡化与盐湖开发中有何应用?

海水与气体在生成可燃冰的过程中，只有水分子才能与气体分子生成可燃冰，而海水中的各种盐分只能继续留在海水中，这就是可燃冰的“排盐效应”。因此，在海水中合成可燃冰，相当于将海水中的淡水提取出来，只需将可燃冰从海水中分离出来进行分解就可以获得淡水。这是一种新的海水淡化技术，受到了沙特阿拉伯等沿海国家或地区的广泛关注。

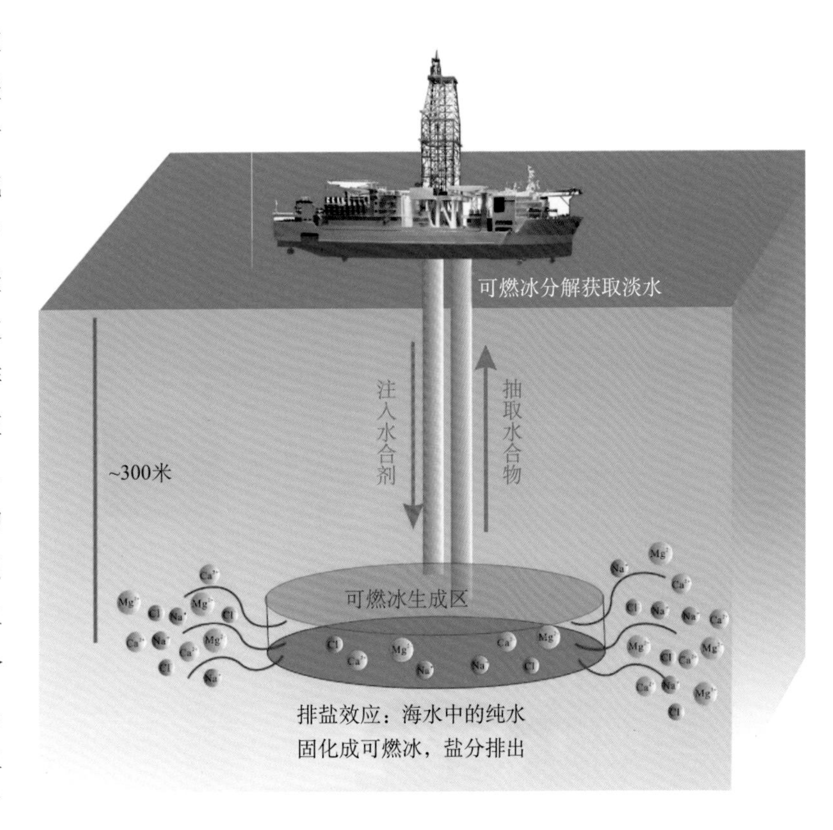

可燃冰海水淡化技术的关键有两点：一是要找到易生成可燃冰的水合剂，确保在合适温、压条件下海水能快速生成可燃冰；二是要将生成的固态可燃冰晶体快速与海水分离，然后使其分解获得淡水。通常情况下，一次分离得到的淡水还是有较高的盐离子含量，这是因为总有不少盐离子吸附在可燃冰晶体的表面，很难与海水完全分离。一般可根据对淡水水质的不同要求，需要经过两次以上的多次分离，才能得到合格的淡水。

我国的咸水湖多数处于高寒地区，这些地区的年平均温度处于 10 ℃以下，为可燃冰技术开发湖盐提供了天然的温度条件。在一个可控区域内，选择合适的水合剂与盐湖水反应，随着可燃冰的形成，湖水盐度不断增大，最后结晶析出获得湖盐。该技术有望成为一种商业化的新型湖盐开采方式，具有节能环保等优点。

99. 可燃冰分离技术在食品工业中有哪些应用?

可燃冰分离技术是指在可燃冰的生成过程中，随着水分子不断参与反应，溶液中的有机物、离子等浓度不断升高，只要将生成的可燃冰分离出去，就可以实现溶液中原有成分的提纯与分离。该技术可应用于生物酶活性控制和提取、氨基酸分离及果汁提浓等食品加工领域，具有很好的前景。

生物酶是食品制造行业中一种重要的催化剂，可燃冰分离技术为酶活性控制和提取提供了一种新途径。生物酶对微水环境因素很敏感，通过可燃冰生成来控制溶液含水量，进而控制酶活性处于最佳状态，有助于发酵过程和食品制作过程中生物酶的提取和回收。

氨基酸是有机体必需的一类营养物质，被广泛用于饲料、食品和注射用药物等。采用可燃冰分离技术，可将氨基酸以纯固态的形式从反向胶束中恢复出来，不仅无需改变体系的 pH 值和离子强度，而且恢复得到的氨基酸为固态形式，其中的溶剂和表面活性剂均可被回收。

此外，可燃冰分离技术可用于果汁提纯。利用该技术可去除苹果、橘子和西红柿汁中 80% 的水分，实现了果汁浓缩，但存在影响色泽和口味的缺陷。随着人类社会的发展，人们对生活质量要求越来越高，可燃冰提纯、分离技术也将迎来新的发展机遇。

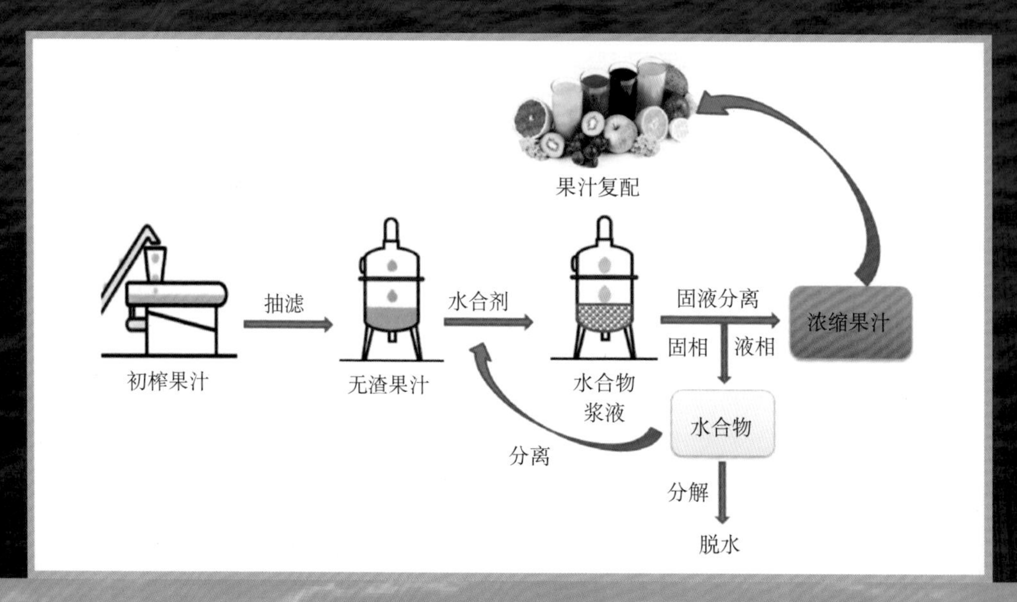

100. 可燃冰分离技术在环境保护中有哪些应用？

可燃冰分离技术一方面能够分离混合气体成分，另一方面能够分离水溶液中的物质成分。该技术有望在大气污染和水污染治理行业中发挥重要作用。

我们知道，工业废气、生活燃煤、汽车尾气等是混合气体，含有一定量的二氧化碳气体，以及少量的氮、硫氧化物等高污染气体。利用可燃冰分离技术，将这些气体与水反应生成水合物，由于各种气体生成可燃冰的温度、压力条件是不同的，通过精确控制生成条件，可将这些气体依次分离，对其中的污染气体进行捕集和处理，减少污染气体排放。

利用可燃冰分离技术可对生活废水和工业废水进行净化处理，将水中的重金属离子、难降解有机物等有毒、有害杂质分离去除，实现污水的净化和再利用。

目前，可燃冰技术应用大都停留在实验室研究阶段，主要的技术瓶颈是可燃冰的快速生成、工艺流程优化等。随着科技的不断进步，可燃冰分离技术在环境保护和治理领域必定会有广阔的发展空间。

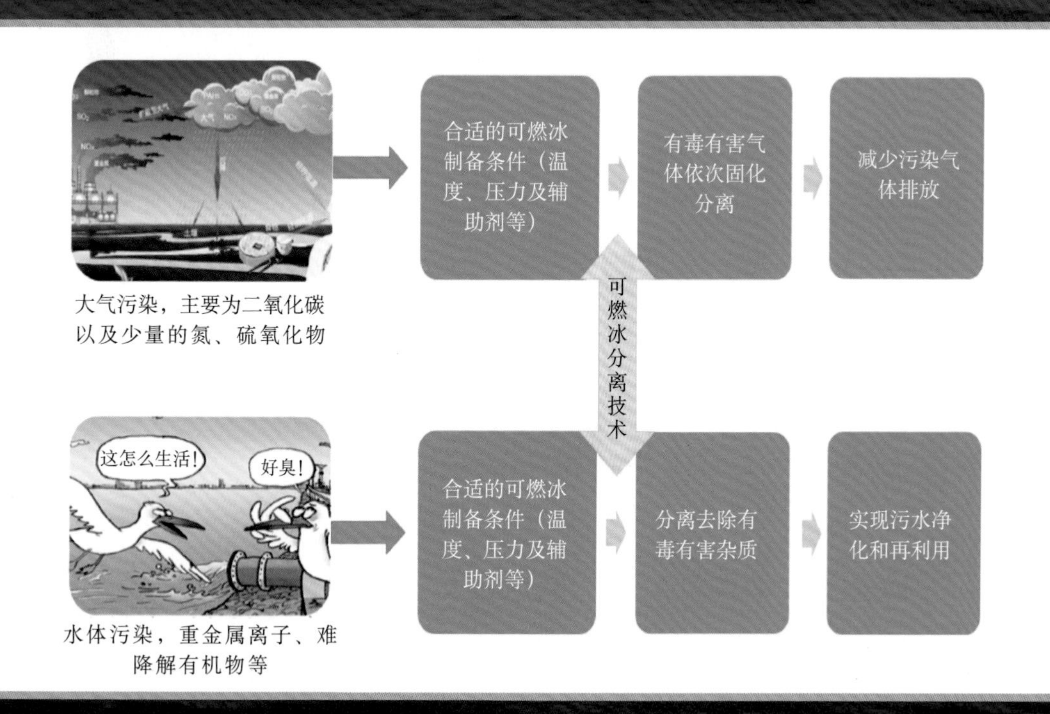

大气污染，主要为二氧化碳以及少量的氮、硫氧化物

水体污染，重金属离子、难降解有机物等

后 记

十月孕育，瓜熟蒂落。经过十个多月的选题、策划、创作、出版，本书终于与读者见面了。作者在欣喜期待之余，心里反而有了一丝惶恐：作为目前国内首部可燃冰科普著作，能否引起读者的兴趣？能否引起大众的关注，特别是能否激发青少年读者的科研热情，实现本书的初衷？

尽管我国开展可燃冰研究有二十多年的历史，但人们真正认识、了解可燃冰也只是近几年的事。特别是2017年我国在南海神狐海域成功试采可燃冰，引起了社会的极大关注与热情。一时间，媒体报道铺天盖地，成了人们茶余饭后的谈资。然而，有些报道缺乏理论依据，有失偏颇，容易引起误导。鉴于此，作者与气象出版社策划出版本书，精选了100个知识点进行解答，涵盖了可燃冰的基本性质、测试鉴定、在地球上分布、如何寻找、怎样开发利用以及产生的环境效应等，旨在揭开可燃冰的神秘面纱，并公诸于世。但限于作者能力水平，在创作过程中感到：在描述专业技术原理和叙述科普知识时通俗性不太够；从图文并茂的创作标准要求看，插图略显单薄、吸引力不是太强。所幸气象出版社组织力量进行了整饰、美化，对提高图书质量做出了积极努力。

书中内容虽然是最新的可燃冰知识，但还不够全面，还有许多人们未能认识清楚的问题需要探索、研究。作者希望这本书能够起到抛砖引玉的作用，培养读者朋友的兴趣爱好，激发青少年读者进行较深层次的思考和行动，未来成为可燃冰领域科研大军中的一员。

如您在阅读中有任何疑问或更好的建议，欢迎与自然资源部天然气水合物重点实验室联系。电子邮箱：qdliuchangling@163.com。

作者

2018年9月